# 紙的輓歌

伊安・桑塞姆 Ian Sansom／著

PAPER: An Elegy

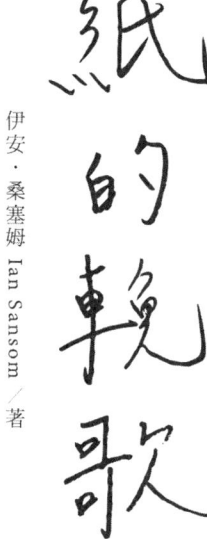

# 目次

自序

# 尊重紙

從尊重你的紙開始！

——透納（J.M.W. TURNER）致洛伊德（Mary Lloyd），她於一八八〇年重新整理出這些建議，後人收錄於《透納研究》（*Turner Studies*, 1984），第四卷

## 如果世界沒有紙

歡迎光臨紙博館，本館設置宗旨是為了保存和研究紙及紙製品，館藏除了書籍、信件和日記這些理所當然的紙製品外，還包括帳簿和選票、禮盒和彩帶、繃帶和包紮用品、銀行支票和存摺、橫幅和彩旗、啤酒杯墊、出生證明、死亡證明、受洗和私生子的證明、圖板遊戲、書籤、名片、紙箱及包裝紙、菜單、收費單、票據與發票、各式圖表（航海、醫療、教育及其他類型）、捲菸紙、衣服（包含西裝、帽子、襯衫、外套、和服、工作服與防護衣等）、紙棺材、彩色繪本、紙屑、優惠券、建築用描圖紙、指甲砂銼、信封、濾紙

和紗布（醫療、工業和烹飪用）、鞭炮、捕蠅紙及各種公文表格、訃聞、賀卡、明信片、風箏、地毯、燈籠和燈罩、借書證、身分證、護照、雜誌、商品目錄、報紙、地圖和地球儀、紙袋、紙杯、紙娃娃、紙花、紙鈔、紙管、全景圖、照片、紙牌、郵票、便利貼、海報、處方箋、拼圖、成績單和註冊單、砂紙、鞋盒、文具、貼紙、彩帶、標籤吊卡、標籤貼紙和門票、茶包、電話簿、壁紙和包裝紙等等。

我們居住在一個紙世界裡，少了紙，完全無法想像生活會變成怎樣，再不至少是幾乎難以揣度的。不過，我們還是可以稍微想像一下，畢竟對人類來說沒有什麼是不能想像的，這不就是古往今來的偉大作家、藝術家和音樂家透過他們的書籍、畫作和音樂一直傳達給我們的訊息嗎？我們一直受到他們的薰陶與教化，這些內容都是表達在紙上，而我們也是透過紙或藉由紙來發揮我們的想像力。可想而知，沒有紙的世界勢必是一片死寂，了無生機。

現在讓我們來想像一下這個無紙的世界：我們起床、梳洗一番，然後去沒有所謂衛生紙的廁所。早餐時來一碗麥片，當然是沒有包裝的；泡杯茶，沒有茶包；來點咖啡，但不用濾紙。在去火車站的路上，不會停下來買份報紙，因為沒有報紙可買。況且，我們身上根本沒有錢。好吧！也許我們會使用硬幣，成袋的硬幣，甚或是貝殼。但我們不能買樂透，也沒有口香糖，因為沒有包裝紙。也不會有火車票，甚至連火車時刻表都沒有。（我們可以假設，這只是為了好玩，有火車和火車站，有房子和辦公室，或是隨便一間工作場所，但卻沒有計畫書和進度表、沒有調查報告、沒有粗略計算、沒有藍圖、沒有專利說明書，也沒有地圖和各式圖表。這樣的情況當然不太可能出現，但並非絕對不可能，只不過可能性微乎其微，相當於是從未拿起任何一張紙來讀寫的人還能夠讀這本書的機率。）當然，我們也不再能盯著車廂裡或是看板上的廣告，不能在咖啡店買一杯有隔熱紙套的外帶咖啡，也不再有經常弄丟、忘記帶或過期的會員卡。我們也不再寄信，因為無紙世界裡根本沒有郵局。因此，也沒有亞馬遜購物網的包裹。我們不用每天列印出電子郵件，將文件歸檔或是填寫表格，周遭也見不到熟悉的壁紙或是家人的照片，不會在桌邊貼上便利貼，或是在電腦螢幕上打出「文件」這種字眼，或是將它們存放到「文件夾」中。我們也不會在午餐時間一邊吃三明治一邊看雜誌或讀本書；沒有包裝紙的三明治會讓我們滿手油膩，卻沒有餐巾紙可擦。到了下午也沒有辦法用指甲砂銼修指甲或是補個妝，連擤鼻涕的紙巾都沒有。沒有杯子蛋糕的紙模，沒有裝蛋糕的盒子，沒有名片、帳單、銀行，沒有建築協會，沒有保險公司，也許會有一些小行業，一個小規模的政府，可能也有法律和規範。當然我們無法抽菸，沒辦法用濕紙巾擦屁股，不能包裝禮物，也無法做記號，訂正或修改功課，沒有菜單可點餐，沒有聖誕卡可送，沒有禮炮可拉，也沒有煙火可點……。

想像一下，**若是全世界的紙都消失了，會失去什麼？我們會失去一切。**

## 紙是世界的基礎

人類用紙的歷史大約有兩千年。在中國古代，紙是種罕見而珍貴的材料，一直要到十九世紀以機器取代手工造紙後，才變成一種商品，逐漸擴散開來，就像是警報和疾病一樣蔓延，同時散播著夢想和沮喪。至此，局勢才真正改變，由紙所創造的變幻莫測時代正式展開。在西方國家，一般辦公室員工每年平均用掉的紙超過一萬張。若是在美國，一個人每年的消耗量，全部算下來，大約是七百五十磅紙，這相當於是七袋水泥，或是一百五十袋糖的重量，或許還要更多。就算古代人沒有發明出紙，想必日後還是會有人發明出來，有可能是發明活字版印刷術的古騰堡（Gutenberg）吧！畢竟要是沒有紙，他那套工具也沒有任何用處。紙是人類所創造最棒的東西，不僅價格便宜、輕便耐用，還可以折疊、切割、彎曲、扭轉與上色，而且能夠用於紡織並增加防水特性，幾乎是無所不用、無所不能。可以用來造船、製衣、製作家具，就連蓋房子都沒問題。還可以當作武器、遊戲、拼圖和玩具的材料，甚至是高速火車的車輪，這些在後面幾章都會討論到。

不過上述都還只是紙的一般用途而已。在日本，會將紙裁切成旗幡，用來供奉聖地。在印度的宗教節日中，會將剪紙放置在地板上，排列出稱之為蘭古麗（rangoli）的美麗裝飾圖案，用來迎接印度神。在瑞士，會以精心雕琢的剪紙來頒布法律條文。在中國的道教或佛教喪禮上會焚燒冥紙，讓往生者一路好走，通往另一個世界。而在福爾摩斯的偵探故事中，福爾摩斯只要動動腦，嫌犯就在紙上呼之欲出。在《榮蘇號事件》（*The Gloria Scott*）中，華生描述道：「在一個冬天的晚上，我和我的朋友福爾摩斯坐在火爐旁，他說：『華生，這裡有幾張紙，我真的認為這值得你看一眼。』」福爾摩斯辦案時和紙之間的關連其實滿好玩的，姑且就多看一眼吧！在〈波希米亞醜聞〉（A Scandal in Bohemia）中，他光是靠著他那本《歐洲大陸地方詞典》（*Continental Gazetteer*）就判斷出一張重要文件的紙是在波希米亞製造的。而在《四個簽名》（*The Sign of Four*）中，他則是在毫無協助的情況下，迅速推論出某張紙是在「印度當地製造」的。福爾摩斯的研究論文，除了著名的〈蜜蜂文化實用手冊〉（Practical Handbook of Bee Culture）、〈各廠牌菸草灰燼解析〉（Upon the Distinction Between the Ashes of the Various Tobaccos），以及種種關於紋身、耳朵、手形和腳印追蹤，與文藝復興晚期重要作曲家拉絮斯（Orlande de Lassus，1532—1594）的經文歌與和弦的研究貢獻外，他還有許多「業餘」專才，像是破解加密文章、判斷文件日期等。在〈股票經紀人的書記員〉（The Stockbroker's Clerk）這個事件中，他單憑一張小紙片就能判斷華生的健康狀態：

「你的便鞋是新的」，他說：「頂多只穿了幾個星期。現在這雙在我看來有些地方燒焦了。有那麼一會兒，我覺得是因為你曾經弄濕鞋子，在烘乾時燒到的。但後來我發現靠近腳背的地方有一小張圓形的紙，上面有店員的塗寫，顯然他們一定處理好弄濕的地方。那麼剩下來的可能性，就是你曾坐火爐邊，伸出腳來取暖，這種行為，即使是在這麼潮濕的六月，也很難出現在一名完全健康的男人身上。」

正是如此。

就這樣不帶感情地進行邏輯推演，或許到最後也是由紙本身來揭露一個不可思議的結論：**紙是這個世界的基礎**。摺紙時，會先學做一個基本形，可能是鳥形，或是青蛙形，再根據這個基本形，就可以從簡單的折疊和折痕中創造出充滿各種形狀和圖案的世界。同樣的，紙也一直是人類歷史中各種曲折起伏的基礎，從經濟、藝術、戰爭乃至於推動和平的努力，全都是透過紙上作業來進行。這是一切的基礎。

## 紙張不死

然而，如今周遭的一切卻不斷提醒我們，世界正朝向無紙化的狀態邁進，或者至少會摒棄某些形式的紙。環顧四周，目光所及之處，紙張都在消失。現在，我們可以在完全用不到紙的情況下，訂好機票並且完成登機報到手續。（儘管我們可能還是需要一本護照和簽證，還有一張提醒我們要將護照和簽證收到行李箱的檢查清單；而登機後，當我們看到平裝書、嘔吐袋、緊急指示、翻爛的飛行雜誌，以及擦臉的濕紙巾時還是會挺開心的。）現代人停車後可以感應付費，閱讀電子書和iPad。然而與此同時，**紙的用量與日俱增**：出版的書越來越多，咖啡店更是提供大量拋棄式紙杯，家家戶戶紛紛購置家用印表機。報紙上三不五時就會出現「書的末日來臨了嗎？」這樣的標題，紙在現代社會中是否還會繼續扮演一定的角色？

簡而言之，是的。

本書試圖說明那些宣稱紙張已死的報導言過其實，當然我會以更詳細的描述來佐證。正如飽覽群書的法國哲學家德希達（Jacques Derrida）所言：「今日宣告向紙道別，就像是因為學會寫字，便隨便挑了一個日子決定不再說話一樣。」德希達一次又一次地在他的著作中探討這個問題，這個關於紙的問題。「看著所有這些出現在紙上的問題，讓我覺得……我好像從未研究過其他主題：一直都是紙、紙和紙。」

紙、紙、紙。年紀稍長的人也許還會記得當年三點五吋磁片問世時，許多作風先進的辦公室經理都曾提出無紙化的目標。但正如塞倫（Abigail J. Sellen）和哈波（Richard H.R. Harper）在他們的著作《無紙化辦公室的神話》（*The Myth of the Paperless Office*, 2001）中所解釋的，不久後局勢就變得很明朗，隨著科技發展，特別是電子郵件與網路運算的引進，辦公用紙的消耗量不減反增。根據塞倫和哈波的說法，技術革新非但沒有取代紙，反而「改變用紙的習慣」，從原先的印刷再傳播，轉變為傳播再列印。所有科技發展的終極目標似乎都想要呈現在一個紙狀的裝置上，由此建立一套系統，讓資訊不僅可以讀取、發送和閱覽，還可以在上面做記號，就如同我們的用紙習慣。紙就像幽靈一般出沒在我們的機器中。我們是紙的狂熱分子，是紙的基本教義派人士，即使在沒有紙的情況下，在不必要用到紙、或沒有用到紙時，我們依舊繼續想像它、尊敬它，希望它就在那裡。

以我現在正在使用的文字處理軟體來說，完全沒有理由要把它的外觀弄成像一張白紙。在我螢幕的角落還有一個像是字紙簍的圖像，有邊緣與段落，下方甚至有個小小的頁面計數器顯示目前的「頁面」是在第四「頁」，怎麼可能呢？除非我要先想像在螢幕後面的某處有一間柏拉圖式的造紙廠？我的「桌面」顯示出一座雲霧繚繞的山頭，就像一幅釘在一面假想牆壁上的壁畫或巨照。我想在宣稱紙時代結束的今日，最弔詭之處莫過於**無所不在的紙的形象**，這些假想的紙不斷增加，繼續決定我們寫作和閱讀的格式和場景。

這可能是因為紙實在是一個很好用的比喻，可以代表語言本身，正如瑞士語言學家索緒爾（Ferdinand de Saussure）在他的《普通語言學教程》（*Course in General Linguistics*）中指出：「語言可以用一張紙來比擬：思想是正面，而聲音在背面，沒有人可以在減去正面的同時還能保留背面；同樣的，在語言中，我們無法將思想中的語音去除，也無法將言談中的思想抽離出，這樣的切割只有心不在焉時才能做到，結果不是進入純粹的心理學層面，就是純粹的音系學。」我們似乎既無法將紙從我們的思想中抽離，也無從將我們的思想從紙張中萃取出來。我們在改變，文字也在變化，唯獨紙是不變的。它可以吸收一切，也可為一切所吸收。就連我們這個時代最先進也是最受喜愛的科技產品，外觀也如同一紙書頁：iPad像是一本筆記，Kindle則像一本書，手機宛如口袋日記。頁面持續決定我們閱讀的節奏，在我的Kindle上，第二頁依然是在第一頁的後面，就像黑夜緊跟著白晝，我們的讀物依舊籠罩在紙張的陰影下，連顏色都是由紙張決定的。若不是這樣，為什螢幕依舊顯示白紙黑字的格式？如果不是因為紙，還會是什麼原因造成的？

也許這是因為紙在人類的歷史中不斷地消失和再現，它曾遭到燒毀、散失、丟棄、遺忘、重新發現、重新修復、再度成形，在多數人眼中，紙的歷史顯得微不足道、無關緊要，多半附屬於學術研究的範疇，因此除了專業書籍、期刊和出版物外，幾乎不會引起外界的注意與討論。在日文中有一個短語「横紙破り」（yokogami-yaburi），原意是指把紙張撕破有違倫常，在習慣上這是用來表示「行徑乖張」或「豬腦袋」。對紙輕忽是一種愚頑的行為，是違反常道的。正是因為紙在日常生活中太過實用，反而在通俗歷史中少有人對此加以探討。這正是我動筆寫這本《紙的輓歌》的原因，我想要在其中探尋並重現紙在歷史中的多樣面貌。

## 人類是種「紙質」的存在

嚴格說起來，這本書並不是一部紙的歷史，而比較像是一間由個人策畫的紙博物館，一座古物陳列館，或許也可說是一間虛構的「奇想博物館」（musée imaginair），這個詞是我從法國小說家兼美術史家馬侯（Andre Malraux）那裡借用的，他曾於一九五九年至一九六九年間擔任法國文化部長，這種事只有在法國才會發生。馬侯發現，許多被現代人視為藝術品的東西，最初根本不被當成藝術看待，像是圖騰或護身符，以及神靈的塑像或圖畫。馬侯在他的《世界雕塑奇想博物館》（*The Imaginary Museum of World Sculpture*）（第三卷，1952—1954）中寫道：「在十七世紀時，不會有人拿一幅宋朝的畫與普桑的作品相比，這無異是將『奇怪的』山水和高尚的藝術品相提並論。」馬侯表示，奇想博物館是一首變奏曲，是「在面對創世之際再造宇宙」，是為所有堪稱是藝術品的物件喝采，而不是一直以來就被當成藝術品的東西。在我這間紙博物館也是如此，所以狄更斯的手稿可能會和藍色的糖果紙以及一捆用繩子綁起來的牛皮紙袋並列，形成一面龐大的紙鏡子，好讓我們在其中可以看到自身和我們的世界，這個巨大、可怕又令人讚嘆的世界。

在此容我進一步澄清，任何關於紙的歷史，尤其是本書所指的紙的歷史，並不只是一段關於紙的歷史，也不是書的歷史，或是書寫的歷史；這方面的歷史著作已經很多了。在紙發明前當然已經有人開始書寫，像是刻寫在樺樹皮、泥板、象牙、木頭和骨頭、莎草紙、棕櫚樹葉和絲綢上，也有在紙問世後才出現的書寫。此外，還有在紙之前的書，諸如那些以莎草紙和羊皮紙製作而成的；也有紙之後的書。《紙的輓歌》並不是一本在探討書的書，雖然毫無疑問書是最普遍的紙製品。這也不是一本關於造紙的書，這主題本身就很龐大，而且引人入勝。**《紙的輓歌》企圖探討人類如此依賴紙的原因和緣由，呈現出紙是如何變得和我們的生活密不可分，成為人類生命中不可或缺的一部分，甚至可以說人類是一種「紙質」（papery）的存在。**

因為**我們所在乎的一切都發生在紙上。沒有紙，我們什麼都不是**。我們一出生就得到一張出生證明，等到入學後會收集到更多這些證書，結婚時還會有一張，若是離婚了也會有一張，買房子時又得到一張，等到死去會有最後一張。我們一出生就是人類，但之後卻不斷的變成紙，正如同紙也不斷地變成我們，彷彿是我們的一層人造皮膚。我們的一切都是紙：它是所有活動的基礎，是所有企業的合作夥伴，是認識過去的關鍵。我們如何認識過去？只能透過紙和它記錄的一切，當然，還可以透過建築，不過建築，正如我們稍後會討論的，也是建構在紙上。難怪在剪刀石頭紙①的遊戲中，紙會贏過石頭。

## 紙的弔詭與魔力

《紙的輓歌》將呈現紙的美麗與哀愁，是一首悲愴的樂曲，當中盡是我們對它過去的留戀，從昔日厚重的書寫用紙，到見證年少輕狂的破爛海報，以及那些紙質脆弱、稀少罕見，卻可代表我們個人和集體歷史的珍貴文獻。不過，最重要的是圍繞在紙所帶來的矛盾迷思，它的用途充滿諷刺意味，它的意義多重，價值難定，而且紙可達到的尺度和規模非比尋常。紙可以是一幅價格不斐的名畫或一份手稿，也可以是張紙屑。簡單想一下，它可能會帶來喜訊，也可能捎來噩耗，可以是情書或遺書。既適合用於溝通，也常讓人困惑；

①譯註：猜拳遊戲「剪刀石頭布」的英文名稱是「剪刀石頭紙」（paper-scissors-stone）。

可以是先驗的，也可以是後驗的（a posteriori）。紙是一種記憶的外部儲存器，藉由它我們得以遺忘。紙可以缺乏實質內容，卻價值不斐。虛實難辨，如真似幻。紙是脆弱的，卻也是持久的。手稿遺失的故事屢見不鮮：卡萊爾（Thomas Carlyle）著名的《法國革命史》（*The French Revolution*）第一卷手稿被女僕拿去生火；德・昆西（Thomas De Quincey）在「蠟燭的火花〔掉下〕，落在臥室裡一大堆的文件上時」，失去了他那本《一位吸食鴉片的英國人的自白》（*Confessions of an English Opium-Eater*）的筆記；丁尼生（Alfred Tennyson）的第一部作品《抒情詩集》（*Poems, Chiefly Lyrical*）手稿，因為大衣口袋破個大洞而遺失。紙精巧而銳利，可以造成割傷。短暫又永恆（拜倫〔George Gordon Byron〕在《唐璜》〔*Don Juan*〕中寫道：「舊日時光會減少到怎樣的地步／文弱的人啊，只要有紙，即使是像這樣的抹布，便能讓他自己存續，他的墓，和他的一切。」）。紙可以是萬事萬物，也可以是一片虛無，是最終極的「麥高芬」（MacGuffin）[2]。那是種賦予我們機會造訪自己的神奇物件，帶領我們從表象進入想像，直抵內心深處，聽聞法國哲學家柏格森（Henri Bergson）所謂的「生命深處不間斷的嗡嗡聲」[3]。

那麼紙最弔詭之處又是什麼？最強大的魔力為何？其實只有一點：它讓我們存在，或者是說，在我們事實上不存在時看似存在。它既能阻斷時空又能加以連結，比方說，此刻我正在紙上跟你對話，雖然你看不到我，也聽不到我，甚至你明白這時身為作者的我可能已經離開人世，但一旦在紙上動筆，再加上你的悉心閱讀，就會召喚出某種神祕難解的奧祕。我們之間似乎在溝通交流：書頁開始發聲，原本不存在你身邊的我，轉化成書頁上的聲音。紙讓我能發明自我、揭露自我，乃至於抹去自我。這是完整的呈現，完美的偽裝。在高汀（William Golding）的小說《自由落體》（*Free Fall*, 1959）[4]中，敘事者告訴讀者：「我滴答作響，故我存在。此刻我在你正在閱讀的黑色鉚釘的十八英寸上方，我與你同在。我也被關在棺木中，但仍試圖將自己保留在白紙上。鉚釘將我們結合在一起，然而我們所共享的熱情僅是意識到彼此的分工而已。」我在這裡，然後我離開。

## 我們是「紙人」

在《紙的輓歌》中，有部分章節會探討造紙的技術和材料的歷史，但我更想要呈現的重點是紙作為一象徵的歷史，或是符號的歷史，探討紙如何變得神聖，甚至是受人敬愛與痴狂，看紙是如何承諾並提供我們自由，卻又在我們身上強加界限，任意切割。還有一點就是，我必須很無奈地承認，本書還是遺漏掉許多紙，沒有餘力納入紙藝拼貼、

---

②譯註：麥高芬是電影用語，指在電影中可以推展劇情進行的某種手段，可以是物件、人物或目標，其本身為何不甚重要，具有存在主義那種「存在先於本質」的意味。
③譯註：此為柏格森在《創造的心靈》（*The Creative Mind*）一書中對時間之空間性的探討。
④譯註：英國作家高汀（1911—1993）是一九八三年諾貝爾文學獎得主，代表作為小說《蒼蠅王》。在《自由落體》中則是以獨白和倒敘手法來探討存在的最基本元素，如人的生存與自由。

考試卷和樂譜，也沒有辦法探討王牌遊戲裡的名人卡。要是上網查詢，就不會有這樣的限制，我們可以一路點擊下去，搜尋出一切。在這裡讓我提供一些詞彙、短語與組合，可能有助於你在Google上搜尋：吸油面紙（papier poudré）、烘焙紙（papillotes）、文具店（papeterie）、紙部長（paper-ministers）、紙頭骨（paper-skulls）、紙器時代（paperage）、紙水泥（papercrete）、紙水泥匠（papercreters）、垃圾的無限史（infinite history of litter）。有許多種類和類型的紙張，我都未觸及，其中光是日本紙，就有數以百計我尚未挖掘出的寶藏，諸如曾經用作武士胸甲內襯的「引合緒」（hiki-awase）、政府土地紀錄用的「細川紙」（hosokawa-shi），存放穀物和麥片的麻袋所需、用柿子汁浸漬的「渋紙」（shibugami）、人力車伕用的坐墊紙套、包裝藥品的紙、包裝和服的專用紙。那些紙發出不同的聲響，散發特殊的氣味，包括大型辦公影印機設備的氨水味。本書的收藏不夠完整，但至少已經開始收集了。

我們住在一個紙世界裡，就某方面來說，我們是一種**紙人**。普拉森西亞（Salvador Plascencia）的小說《紙人》（*The People of Paper*, 2005）是一本關於紙的傑作，故事中有一位名叫安東尼奧的修士，成為「第一位摺紙術師」。他的技能出眾，卻難逃驅逐、流浪和失業的命運，直到某天他獨自來到一間工廠，工廠裡的手推車上滿是紙板、餐巾紙和書籍：

安東尼奧把一本本書拆開，滿地都是奧斯汀和塞萬提斯的紙屑，還有〈利未記〉和〈審判〉

那幾節的書頁，這些全都和《白熾燈的書》混在一起。接著安東尼奧開始打開綑紮起來的包裝紙和手工紙，在紙板上裁切和折疊。

她是第一個被創造出來的，擁有一雙紙板腿、一個玻璃紙做的闌尾，以及紙乳房。這名女人不是來自於一名男人的肋骨，而是從紙屑中造出來的。

這個了不起的傑作從安東尼奧的切割台上起身，跨過她筋疲力盡、奄奄一息的創造者，邁開步伐，往外面的世界走去。

現在，且讓我們牽起她的手，一同進入紙博館。

## 註記：本書寫作用紙

我所有的書都是採用反轉打樣、平版印刷或帶有邊緣標記的印版，就跟大幅油畫或壁畫的草圖一樣，是按等比例製作，但實際上只是準備用的，要刻畫在牆壁上的圖畫，僅僅是一些偉大設計的輪廓或圖像。

但這本書，我比較不想把它看作是草圖，而寧可當它是美國錯覺派畫家皮托（John F. Peto）[5]的《舊物》（*Old Scraps*, 1894），是一種微型的錯覺畫（trompe l'oeil），或是幻術

⑤譯註：皮托是美國錯覺畫派的代表畫家之一，此畫派源自歐洲，是利用陰影和空間配置，讓人產生3D畫面的錯覺。皮托擅長以舊海報、明信片或樂器等各式舊物入畫。

（trompe l'esprit）。

史密斯（Stevie Smith）在他的小說《黃紙書》（*Novel on Yellow Paper*, 1936）中透過他的敘述者宣告：「寫這本書時，我是拿黃紙來打字。這是一種很黃的紙，我之所以使用這種很黃的紙，是因為我經常在辦公室房間裡打字，而我為腓比斯爵士工作的用紙是藍色的，在紙的一角還標記著他的名字。」黃紙有助於區分我的工作和我的小說。

相當明智的作法，可惜我並未採用這樣的一套系統。

我用的是一台筆記型電腦和一台桌上型電腦。我讀了許多書，有紙本的，有Kindle的電子書，也有Google上的書籍。我看的文章有的來自網路，有的則是期刊和雜誌。我儲存了複本，並按下「列印」。我在書的邊緣、筆記本以及窄版橫紋的A4紙上寫下筆記。我將筆記整理到文件夾中，又把文件夾中的筆記弄得亂七八糟。我在電腦前輸入句子、段落，然後是章節。列印出這些章節後，再用鉛筆在上面標記修改和更正之處，然後整理這些更動，再次列印出修改過的章節，一次又一次。最後，我把這份「文件檔」透過電子郵件寄給我的編輯，他又建議進一步修改。其中一些問題我忽略了，其實大部分的我都忽略了。但我還是納入其中一些意見，而這一切在再次寄出前，又需要更多的列印、標記和修正，然後再一次校閱，更多的修改，更多的校閱。沒完沒了？令人費解。

整體來說，為了寫這本書，我一共用了二十包純白的八十磅影印紙、十五本A4窄版橫紋紙筆記本、四本Moleskine口袋筆記本、六包A5的橫紋索引卡、五十個文件分類夾

（綠色）、三大包便利貼（綜合顏色）。我敢肯定應該有比這種方法更容易的寫作方式。

本書（英文版）的成品是以一百磅（gsm）的佛捷歌尼紙（Fedrigoni Edizioni Cream）印製的，是FSC硬木和軟木纖維混合組成（木屑來源：奧地利、法國和巴西）。纖維來自桉樹、松樹和歐洲山毛櫸（Fagus sylvatica）。我講了太多細節嗎？確實是，但這還不夠。

1

# 錯綜複雜的奇蹟：造紙術

看著那張白紙不斷墜落、墜落再墜落，我開始胡思亂想起來，想這上千張的紙最終會有什麼奇怪的用途。現在那些空白的地方可能會填寫上各種內容，也許是講道的內容、律師的訟詞、醫生的處方、情書、結婚證書、贍養費、出生登記、死亡證明等等，多到我難以盡數……「您擁有世上最美妙的工廠。您偉大的機器是台高深莫測的奇蹟。」

——**梅爾維爾**（Herman Melville），

**〈單身漢的天堂和少女的地獄〉**（*The Paradise of Bachelors and the Tartarus of Maids,* 1855）

▲底紋：細漩渦纖維之日本棉紙。

日本紙製作過程：

1. 剝樹皮
2. 將樹皮浸泡在水中
3. 拍打纖維成紙漿
4. 將紙模放入紙漿槽內
5. 乾燥並修整成形的紙張

## 古今無異的造紙方法

假設你現在住在兩千年前的日本，你和家人種了一些樹，一些桑樹。樹長高後，你砍下一些樹枝蒸煮，好讓內部的樹皮變軟。剝下樹皮後，你再乾燥、浸泡、摩擦和潤濕這些樹皮。你發覺這麼做很有趣，樹皮的顏色變白，而且變得很輕盈。樹皮的纖維開始分裂開來，你將樹皮煮熟，讓它變得更軟，並且在陽光下曝曬讓它們變白。接著，你用木棒敲打它們，不停地敲打，然後將這一團變白的樹皮漿倒入一個大桶子內，裝滿水後你不斷地攪拌和搥打，直到它們變成一團灰灰的泥。你拿起一個裝有類似篩網的木框，放入那團泥漿中，舀出泥漿，過濾掉多餘的水，前後搖晃，直到篩網上出現一張完整均勻的片狀物。等到水完全乾了，篩網上便附著一層浸軟的纖維形成的濕墊。將它從篩網上取出後，放在木板上曬乾。等到晾乾後，你再來修整一番，可能是用一些動物油，或只是一顆石頭，總之就是你手邊任何可以使它發亮和變得平順的東西。最後，你修剪邊緣，然後讚嘆起自己的手工藝。恭喜你，你製造出一張紙了。

到今天為止，全世界的紙基本上一直是用這種方法製造的，未來應該也不會有太大的變化。相較於古日本的造紙技術，十七世紀英格蘭的艾弗林（John Evelyn）在他一六七八年八月二十四日的日記中，也描述了當時手工造紙的步驟：

> 我前往拜見領主聖艾爾邦位於拜弗立特的房子，那是一間老舊的大宅。到那裡之後，我在磨

坊中找到正在製作粗白紙的人。他們將碎的亞麻布挑出，那是用來做白紙的，羊毛材質的則是用於棕色紙，然後用杵或錘子將它們搗得軟爛，就像是在麵粉磨坊裡所做的活兒一樣。接著將爛泥放到水桶中，放入一個木框，木框上裝有緊密交織而成的網布，線細如髮絲，和紡織用的蘆葦線一樣緊密；將泥漿舀入其上，多餘的水便會透過小孔流出，搖晃使它平整，然後技巧高超地將它倒在一塊軟板上，夾在兩塊法蘭絨之間，施以重壓，待法蘭絨吸取水分後，拿出來堆疊在一起，然後在吊線上晾乾，就像在洗衣坊晾乾布一樣。之後浸在明礬水中一段時間，修整後，以一組二十四張的數量擺放。他們在浸泡碎布的水中加入一點膠。我們在紙上看到的標記則是原本刻印在篩網上的。

各地造紙的細節也許不同，但整個過程基本上是一樣的。（艾弗林鉅細靡遺地記筆記的習慣是出了名的，他在十一歲時就奠定寫作基礎，此後筆耕不輟地寫了七十餘年，詳實記錄他進牛津、展開大探險，以及英國內戰、克倫威爾推翻英王建立共和制、王室復辟等事件，還著有十餘本書籍和論述。）

工業化製程則以機械取代多數手工敲打、浸泡和乾燥紙漿的工作，高壓噴氣機和輸送帶負責噴灑和攤開的動作，而真空機和汽缸則用來乾燥，最後再用滾輪修整。不過在這整套造紙過程中，實際上仍舊只有三個步驟：準備紙漿、在紙模或濾網上成形、然後是乾燥與完成。在現代造紙廠中，這些步驟轉變成下列過程：將成捆的木渣丟入水力碎漿機中，以水稀釋並攪拌。水力碎漿機好比一台巨型食物處理機，當中碾碎的就是紙漿，製造出來的粥狀物或團狀物，稍後會再行稀釋、敲打或過濾，如此便能切斷紙漿的纖維，接著過濾出雜質，並和各種添加物混合。之後，也只有在這個時候，這團東西才能送上造紙機。典型的現代化機器超乎想像的巨大，長達幾百公尺，造價高昂，一天可運作二十四小時，每年製造出數十萬噸的紙。這個階段稀薄的白色紙漿看起來像是牛奶，會先流經「流漿箱」（flow box）或稱「頂箱」（head box），然

從古至今的造紙過程都一樣。

後噴灑在篩網狀的輸送帶上。噴灑紙漿後，水分會穿過篩網，留下一層纖維，這種造紙方式的原理跟古代日本的手作方式並無二致，只是尺寸變大，速度驚人而已。接著這片纖維會經過沉重的滾輪，壓擠出更多水分，再通過讓紙成形的水印滾筒與蒸氣加熱的乾燥用汽缸，再經過施膠壓榨（塗膠後，可減少澱粉吸水性），便能送到大型的鐵製滾輪上進行紙面修整，最後便是送到大型的捲盤上等待裁切，或是分送到小卷軸上包裝好，送到紙商與盤商處，他們會製作並包裝成你用來列印電子郵件或登機資料的影印紙。

## 現代造紙機的誕生

全速運作的現代造紙機可說是一項奇觀，即便是在二十一世紀的今天觀看起來還是很有意思，而對十九世紀的人來說，則是全然的震驚。

十九世紀傑出的奇聞軼事作家梅爾維爾

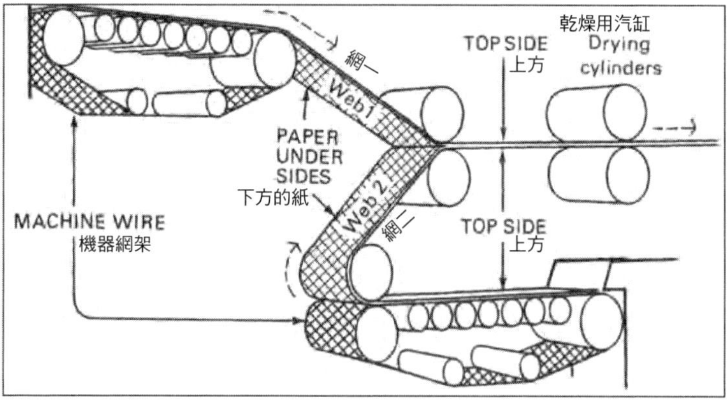


造紙機圖示。

（Herman Melville），在〈單身漢的天堂和少女的地獄〉中描述一座紙磨坊，故事的主人翁參觀了一座怪異的磨坊，就像是一頭鯨魚，那是一間「大型工廠，刷洗得透白，就像是歷經了雪崩一樣」。這頭白色巨獸，一口吞下碎布、水與人，就在「新英格蘭沃托樂山不遠處……鄉下人都管它叫惡魔堡。」這故事的主人翁是一名商人，「進行大批種子買賣交易」，正在尋找廉價的種子包裝批發商。進入工廠後，他呆站在那裡讚嘆著：

注視著這台堅固的鋼鐵巨獸，現在我感到不寒而慄。這台沉重而複雜的機械，總是在某些狀態下，讓人心中或多或少產生一股莫名的恐懼感，就像面對某些生物，好比說是低鳴的巨獸。但是，我所看到的這東西之所以讓我感到特別可怕，來自於它必要的金屬構造，這份無法移動的本性支配著整具機器。雖然，我無法持續看見那層薄漿前進的過程，隨著它們進入更神祕的機具或完全看不見的地方，但不容置疑的是，在這些避開我視線的地方，它們仍然順從這台聰明機器的宰制。我完全著迷了，茫然地站在那裡，連靈魂都出了竅。在我眼前，就在那裡，紙漿沿著滾動的汽缸緩慢流動著；盯著蒼白的漿液，我彷彿看到，在那沉重的一天中臉色最蒼白的女孩。緩慢而悲傷地哀求著，但絲毫不抵抗，所到之處都閃閃發光，它們的痛苦依稀浮現在尚未完成的紙上，活像是印在手帕上的聖薇洛尼卡頭像，帶著苦痛的面容。

到底是誰設計出這台怪物，這樣一頭低鳴的巨獸？有可能是路易—尼古拉・羅伯特

（Louis-Nicolas Robert）。就跟梅爾維爾一樣，羅伯特也在蒼白的紙漿中看到工人蒼白的臉孔，不過梅爾維爾看到的是痛苦和苦惱，而羅伯特看到的是自由和解放。一開始，在啟用者的眼中，造紙機是一座金屬必需品，是科技戰勝人類的化身。

一七六一年出生於巴黎的羅伯特，就學時獲得「哲學家」的稱號，後來投身法國軍隊，在格勒諾布爾的第一砲兵營擔任士兵。在充滿不安與不滿的情緒下，加上晉升無望，他最終在法國大革命期間回到了巴黎，在巴黎南邊的埃索納（Essonnes）造紙廠擔任「人事檢查員」，這是一個經典的「小幹部」，在那裡，他對那些受到時代思潮所感染的工人行為感到震驚不已。在老闆迪多（François Didot）的鼓勵下，羅伯特開始試驗一台機器，想以此取代原本老是出問題的造紙機。在經過大量的試驗和犯錯後，終於在一七九九年一月十八日發明出這樣一台機器，羅伯特還獲得「在沒有任何人力協助下，製造極長紙張」的造紙機器專利。諷刺的是，羅伯特和迪多之後就開始起爭執，爭論獲利和專利，但由於兩人都無法獨自撐起這個事業，於是迪多找來他的連襟甘堡（John Gamble）幫忙。甘堡是英國人，他在一八〇一年帶了草圖和那台造紙機的樣品來到倫敦，希望能找到投資者。甘堡很幸運：他成功說服倫敦的文具商富德倫尼葉斯（Fourdriniers），這個名望甚高且富有的家族願意支持他。他們合作後，很快就申請到英國的「造紙發明」專利：「單頁，無接縫或接合處，寬度可達一至十二英尺，長度可達一至四十英尺」。造紙工業史就此展開。

富德倫尼葉斯在一八〇二年從法國引進羅伯特的機器，並僱用一位名為唐金（Bryan

Donkin）的年輕人負責修改和加強它的功能。就跟靠著天賦而領到主管級薪資的羅伯特一樣，唐金成了顧問級的發明人，富德倫尼葉斯在柏孟塞（Bermondsey）為他打造一間工廠，他在那裡建立了英國第一家罐頭廠、開發出分離式的鋼筆尖、設計和改善車床和鑽子等金屬加工工具，最後還成為著名工程師布魯內爾（Marc Isambard Brunel）泰晤士河隧道工程的諮詢顧問。不過，造紙機是他第一次做出的重大突破。他著手進行一系列羅伯特原型機的改造，將篩網架下的大型水桶移除，最後還以機械傳動方式取代卷軸部分的手工操作。到了一八〇三年，富德倫尼葉斯在赫特福德郡的浮若閣摩爾紙廠（Frogmore Mill）啟動改進後的第一代造紙機，這台機器迄今仍是所有現代造紙機的模型：首先將紙漿倒入以金屬網製成的篩網傳送帶，水流過篩網留下纖維質的薄層，切段後懸掛晾乾；與此同時，富德倫尼葉斯也投入大筆資金到這個企業中，卻在一八一〇年宣告破產，光是投資這台機器，就讓他們背負五萬英鎊以上的淨虧損。不過，若干年後國會核發小額補償給他們，原因是「他們長期致力於執行對國家極為重要的目標，以致晚期生活變得相對貧困。」

## 紙帶來社會變遷

然而，達成這項重大的國家目標，並沒有廣受好評。在它消耗掉富德倫尼葉斯家族大量資金之際，造紙機也搶走了底層工人的生計。使用的機器數量越多、效能越好，就意味著所需聘用的人力越少，技術門檻越低。這台機器成了全民公敵，一八三〇年由農人率先發動摧毀新技術的「施榮暴動」（Swing Riots），這場暴動在全英國蔓延開來，位於諾福克郡、威爾特郡、伍斯特郡和白金漢郡的造紙廠也受到襲擊。大部分的暴民似乎都是造紙協會的成員，他們對未來感到憤怒和恐懼。無奈的是，暴動解決不了問題。幾家紙廠倒閉了，而那些被判有罪的工人則流放到塔斯馬尼亞。機器仍繼續運作。

進步是無情的。另一位英國人迪金森（John Dickinson）研發出置於紙漿中的旋轉黃銅汽缸機器，這項裝置也在一八〇九年獲得專利，到了一八一四年十一月二十九日，《泰晤士

相當於是工匠商標的浮水印。

報》（*The Times*，又稱《倫敦時報》）成為這種機器印製的第一份報紙。一八二〇年康普頓（Thomas Bonsor Crompton）申請到烘乾汽缸的專利，這意味著不須再將紙懸掛起來晾乾。一八二四年迪金森又獲得另一項專利，這次他和造紙先鋒唐金合作研發出一台機器，可以將紙張黏在一起，形成一種紙板。到一八二五年時，開發出第一台「水印滾筒」（或稱「壓紋輥」），在英文中俗稱「花筒」（dandy roll），因為在造紙廠看到它運作的工人忍不住驚呼：「也太花俏了吧！」（What a dandy!）過去是用它來壓製水印在機造紙上。美國於一八二七年引進英國那台由唐金設計的富德倫尼葉造紙機，到了一八三〇年，在將碎布轉變成紙的過程中加入漂白程序。一八四〇年德國薩克森州的織布工兼茅草捆工凱勒（Friedrich Gottlob Kelle）申請了木磨床的專利，促成大規模造紙的技術。聖誕卡、照片、自黏郵票和紙袋都是在一八四〇和五〇年代開始生產的，到一九〇〇年時，開始出現機器製造的捲菸紙、描圖紙、紙杯、紙盤、衣領、袖口、餐巾紙、面紙等幾乎所有你想得到的紙製品。在進入二十世紀之際，第一個商業生產的瓦楞紙箱出現了，從此便能夠安全地用紙製品將紙送出。紙的年代發展到最高峰。

## 造紙術的西傳

當然，這一切都始於很多年前的中國，而且還繼續在中國延續著。在這個國度，紙的政治、經濟和文化意義不容小覷：傳統的祈禱文仍然是寫在紙上，然後將它燒毀；傳統的紙風箏仍然在空中飛揚；傳統的剪紙仍用來裝飾廟宇聖地。更重要的是，中國的造紙業正在蓬勃發展，就和十九世紀歐洲與美國以同樣的方式在壯大，整合生產過程到大型紙廠，停用回收材料，逐步改用木漿（主要是從俄羅斯進口），以此餵養該國民眾日益西化的偏好，從西式的商品包裝、郵購目錄、報紙、雜誌到紙幣。有些學者表示，紙最初可能不是在中國發明的，而是西元三世紀由印度拉賈斯坦邦阿爾瓦區提札拉（Tizara）的坎薩達斯（Khanzadas）人首先發現纖維的。或者，也有可能是阿茲台克人或瑪雅人發明的。印刷術、火藥和指南針可能都不是中國人發明的。不過，即使不是他們發明的，也是他們加以發揚光大的：他們由此發明了紙幣和砲彈，以及載人的飛行風箏，還有眾多的天文儀器。不論中國是否為四大發明的起源地，中國人絕對是最早善加利用這些技術的一批人。二〇〇六年八月，在中國甘肅省西北部的敦煌發現了可追溯至西漢時代（西元前二〇二年—西元二二〇年）的麻紙。敦煌是古絲路上的重要城鎮，過去數百年來一直有許多考古發現。這張紙的出土，意味著早在廣為人知的蔡倫造紙年代的二百多年之前，就有人在用紙了。蔡倫時任掌管御用器物的尚方令，一般史料都記載他在西元一〇五年成為史上第一位造紙之人。

紙張有可能從敦煌大舉向西漂移，就像一場移動緩慢的土石流。從幾個重要的造紙地點由右往左傳開，浩浩蕩蕩地傳了五百年，首先是從中國到現今中亞烏茲別克的舊都撒馬爾罕，然後傳到北非（巴格達、大馬士革、開羅，到摩洛哥王國的費茲），在第十和十二世紀之間才傳到歐洲（西班牙瓦倫西亞省的克薩蒂瓦、義大利的法布里亞諾、法國奧布省的首府特魯瓦、德國巴伐利亞的紐倫堡、波蘭的舊都克拉科夫和莫斯科）。到十五世紀時，高科技紙漿沖刷了全英國：一四九五年泰特（John Tate）在赫特福德郡成立了英國第一家造紙廠。《貿易和王國的根源》（*Roots of Trades and Kingdoms*）這份古老的阿拉伯手稿上記載著一個傳說，在西元七五一年，在塔拉斯河（Talas , Tharaz或Taraz）西部的戰爭中，造紙術展開它漫長的旅程，在中亞烏茲別克撒馬爾罕東方八百多公里處，阿拉伯軍隊戰勝中國軍隊，俘虜了一些造紙匠，這些人答應傳授造紙的祕密，以換取自己的自由。

不論這個傳說是真是假，到八世紀末時，粟特區的阿拉伯人肯定已經能夠駕馭造紙術，而紙也駕馭了他們：他們和今日的我們一樣變成紙人。西元七九三至七九四年間，巴格達開設第一家造紙廠，在哈里發帝國的阿拔斯王朝治理下，開啟了伊斯蘭世界的黃金時代，巴格達成為學習中心，還有各種商店和攤位林立的獨特紙市，滿足這座城市藝術家、哲學家和科學家對紙張的大量需求。到九世紀時，大馬士革、敘利亞中部的哈馬，以及利比亞首都的黎波里也開始造紙；十世紀末，穆斯林的文士和文本又將造紙術的技能和知識傳到非洲的突尼西亞、毛利塔尼亞和摩洛哥，並在西元九五〇年左右抵達西班牙。就算造紙術不是伊斯蘭人的發明，也絕對是他們傳到西方世界的眾多禮物之一。根據傑出的伊斯蘭造紙學者布盧姆（Jonathan Bloom）的論點，今日英文中ream（一令）這個字（意思是大量的紙）便是衍生自阿拉伯文中的「捆」或「紮」。然而紙這樣的禮物不見得到處受歡迎，它似乎無法討得當時最有遠見且思慮周密的神聖羅馬帝國皇帝腓特烈二世的歡心，在西元一二二一年，這位具有拉丁文stupor mundi（意為人間奇葩）稱號的英勇皇帝頒布了一項法令，宣布任何以紙書寫的文件都是無效的，因為它們難以持久，僅能短暫保存。有學者推測，這位人間奇葩可能是受到來自牛羊畜牧業者的壓力，因為他們擔心會失去羊皮紙的市場。又或者腓特烈二世並不是全方位的奇葩。無論如何，法令頒布得太晚了。紙已成為未來，羊皮紙則淪落成昨日黃花。

就這樣，紙從中國到阿拉伯世界，再從拜占庭帝國到基督教歐洲，一路緩慢地散播著，真的是十分遲緩。因為手工造紙的過程極為費時，是份凍人手腳、累人體膚的粗活，不論是對要將紙模浸入水槽再取出瀝乾的紙漿工人來說是如此，對於要將濕紙從模具中取出放在布氈上的工人來說也一樣，至於那些要將紙張一一堆放、壓製與晾乾的工人也不得輕鬆，一張接一張的紙帶來無盡的疲憊。這還不包括其他同樣傷筋骨，而且更折磨人的工作：在十八世紀初荷蘭人發明所謂的霍蘭德打漿機之前，將碎布碾碎和打爛成紙漿的工作完全要靠人工，還有那些浸漬成品片材、拋光修整或是在滾筒間壓延，讓紙面平滑，不致出現皺折的程序。具備學者、工藝家和造紙廠與紙博館創始人身分的杭特（Dard Hunter）十分熟悉造紙的步驟，他獨自一人將其著作《圖的蝕刻》（*The Etching of Figures*, 1916）與《當代生活的蝕刻》（*The Etching of Contemporary Life*, 1917）印製成書。杭特親自為此書製作紙張，設計和切割鑄造字樣，並蝕刻出書中的插圖圖版，寫下文字。他深信造紙師傅需要異常強健的體格，因為「不斷彎腰的姿勢，再加上紙漿在水槽中的熱氣，使得他們未老先衰……這幾位五十幾歲的勤勞工匠，看上去似乎已經七十歲了。」

## 紙中的添加物

儘管過程十分艱苦，手造紙的傳統仍然延續至今。一九三八年甘地曾在赫利普拉（Haripura）召開的國民大會上示範造紙，轟動一時，而在齋浦爾附近一個名為桑格內爾（Sanganer）的小鎮上，依舊保留古印度的造紙法，那裡所有紙張都沒有添加化學試劑，而且是日曬而成，未經漂白，保持自然原色。在尼泊爾，手工製作的洛特卡紙（lotka）仍然是以瑞香樹的樹皮製作而成。而在日本，和紙（washi）也歷久不衰。日本民間藝術協會的共同創辦人柳宗悅對於「和紙為什麼讓人興起一種生意盎然的感覺？」的解釋是：「當我們試圖了解箇中道理時，不禁想到這是因為大自然是紙之母，而傳統則是紙之父。」那在英國又是如何呢？英國薩默塞特奇爾康普頓的異國紙業公司（Exotic Paper Company of Chilcompton），以沃本野生動物園的大象糞便為原料來造紙。

與此同時，在巨大的造紙廠中，機器正在研磨，將木屑置於鹼性溶液中加熱，而紙漿的祕密配方，就像吸毒者在美沙冬藥癮戒治診所苦求的毒品替代物一樣，用了一大堆化學添加物。在較晚進的年代，有一本《紙漿和造紙工業的毒理學和生態毒理學手冊》（*Handbook of Toxicology and Ecotoxicology for the Pulp and Paper Industry*, 2001）列出造紙常用的三十多種化合物：

丙烯酰胺單體　acrylamide monomer

烯基琥珀酸酐　alkenyl succinic anhydride

烷基烯酮二聚體蠟分散劑　alkyl ketene dimer wax dispersant

硫酸鋁　aluminium sulphate

苯胺綠色染料　aniline green dye

聚氨酯離子　anionic polyurethane

偶氮陰離子染料　azo dye anionic

偶氮陽離子染料　azo dye cationic

膨潤土　bentonite

拌棉醇型生物殺傷劑　bronopol-type biocide

鈣聚丙烯酰胺　calcium polyacrylamid

陽離子澱粉　cationic starch

氯　chlorine

膠態二氧化矽溶膠　colloidal silica sol

消泡劑　defoamer

螢光增白劑　fluorescent whitening agents
鹽酸、過氧化氫、N—甲基氯異唑酮生物殺傷劑　N-methyl-isothiazolinone-type biocide
多鋁氫氧化物氯化物　polyaluminium hydroxide chloride
聚醯胺胺表氯醇樹脂　polyamide amine epichlorohydrin resin
多胺　polyamine
聚乙烯亞胺　polyethylenimine
松香膠分散劑　rosin size dispersant;
氯酸鈉　sodium chlorate
連二亞硫酸鈉　sodium dithionite
氫氧化鈉　sodium hydroxide
矽酸鈉　sodium silicate
硬脂酸　stearic acid
苯乙烯／丙烯酸酯共聚物　styrene/acrylate copolymer

加入這些化學物質和染料，都是為了要使紙張具備我們所偏好的強韌和潔白特性。大致上有兩種應用方式：一是混入其中，使這些化學物質充滿木漿纖維素纖維之間的空隙，就像是我們體內沉積的脂肪組織或是注射的肉毒桿菌一樣；另一種則是以噴灑方式進行，噴上一整片的膜，就像是噴膚色均勻劑或亮光漆一樣。當你拿起一本書或是一張紙，你手中的產品並不是自然產出的，它是兩千年來經過不斷敲打、浸漬和乾燥的產物，是人類工業和智慧的證明，是一項錯綜複雜的奇蹟。

# 2

# 草木中：紙的原料

在英文中，wood（木）是森林的舊稱。在森林裡，有些雜草叢生的林間小徑，不知在何處就再無出路，這稱之為 Holzwege，是德文中的「林道」之意。每條林道各自獨立，雖然都在同一座森林中，通常看起來也大同小異，但只是表面上如此，樵夫和守林人都認識這些路徑。他們知道走上一條 Holzweg 意味著什麼。

——海德格（Martin Heidegger），

《人跡罕至之處》（*Off the Beaten Track*, 1950）

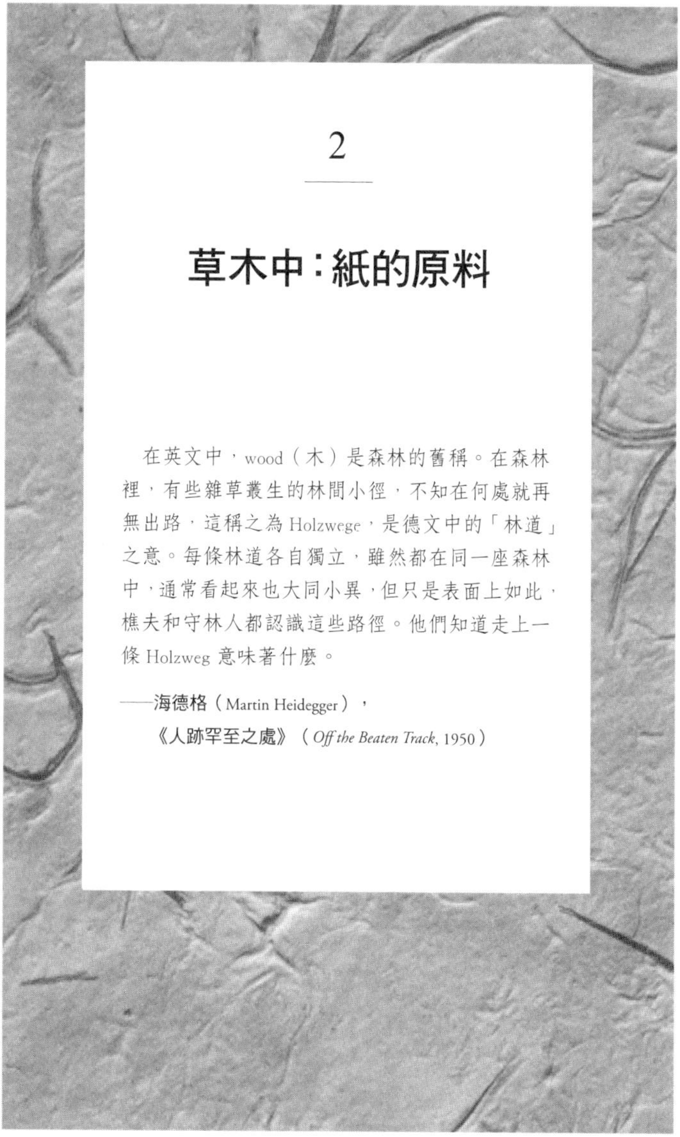

▲底紋：含有葉片的手作纖維紙。

## 與林木結下不解之緣

跟希臘神話中失明的可憐人伊底帕斯一樣，我的命運也是在很久以前就註定了，只是現在我解開自己人生的謎題，發現了出路。在一九七〇年代末期和八〇年代初期，英格蘭開始提供學生一種基本的職業建議，即使是在最糟糕或是二流的中學。在五年級結束時，有位老師讓我們和一位先生碰面，在此姑且稱他為提瑞西亞斯（Tiresias）[1]好了，他受到委任，負責運作這套新發明的穿孔卡片就業指導系統。我們得回答卡片上的各種問題，之後學校的電腦會解讀這些答案卡（這算是一種神諭嗎？）最後會在報表紙上列印出對我們每個人的判決。所以我們這批埃塞克斯（Essex）的孩子便得到指示，朝著祕書、接待員、計程車

茂密的樹林。

司機或機械師的職業生涯邁進。我很幸運，命運告訴我將來要從事林業工作，相去不算太遠，可見當年的青年培訓計畫還是有點用處。

爾後的三十年間，我鮮少踏入森林，偶爾會去林中健行，或是在住家附近的埃平森林中探險，其餘時間我都是在虛構的樹林裡度過，或是漫步在希臘神話和亞瑟王傳奇的林子裡，或是進入小熊維尼的〈百畝森林〉（Hundred Acre Wood），以及《野獸冒險樂園》（*Where the Wild Things Are*）[2]和《怪獸古肥玀》（*The Gruffalo*）[3]等，我明白其實我根本整個人一頭栽進林蔭深處，淹沒在土壤裡。我並不是住在森林裡，但肯定是個森林的孩子，經常流連在昏暗小山谷和層層疊疊的蕨類之間。林木是我的燃料：光是今天早上，我就帶了兩令（ream）[4]的複印紙、兩本西爾凡（Silvine）記者筆記本、幾個塗膠信封、五枝HB鉛筆、一份《貝爾法斯特電訊報》、《每日電訊報》、《衛報》、《泰晤士報》、《每日郵件》、《室內世界》和《拳擊月刊》回家，而我原本只是打算去買一些郵票而已。我消耗掉的紙張遠高於其他產品，甚至比我吃的食物還要多。我是一頭嗜紙的雜食動物。我可以

①譯註：希臘神話中的盲人先知，曾預言伊底帕斯弒父娶母的命運。
②譯註：美國知名兒童文學圖畫書作家桑達克（Maurice Bernard Sendak）的成名作，曾改編成同名動畫。
③譯註：英國知名童書，曾經獲得多項大獎，作者為唐納森（Julia Donaldson），繪者是德國知名插畫家薛弗勒（Axel Scheffler）。
④譯註：一令紙為五百張紙。

狼吞虎嚥不論來自何處的紙製品。（應該說幾乎是所有地方的：最近我無意間閒晃到倫敦龐德街的高級精品文具店史密森〔Smythson〕，這家店的店員個個打扮入時，甚至比店裡的顧客還體面，而那些客人其實已經比平常遇見的人還要好看了。店門口有警衛看守，店裡一套漂亮的棕色皮革文具組要價一千五百英鎊（相當於七萬五千元台幣），還可以自行選擇字樣，在筆記本上燙金。在那裡，我真的是連一枝雪松鉛筆都買不起。）

當然，當我拿著輝柏鉛筆和使用普通的惠普掃描器兼印表機，在成堆的白紙上塗寫和列印時，我等於是拿著一把雙頭大斧頭把樹砍倒。這時，我成了死神，樹木……的終結者。如果說一令紙相當於是一棵樹的五%——雖說這個數字難以計算和驗證——那麼現在你手上拿的這本書，約是我用了二十令的筆記，或是八千張紙完成的，換言之，至少用掉了一整棵樹，這還不包括在寫書過程中所閱讀和消耗的書，也沒有將這本書印刷和出版所用的紙算在內。總之，寫作一本書的耗紙量遠遠超出一棵樹，搞不好要用掉一小座灌木林。世界上最大的森林並不是在加拿大、俄羅斯或亞馬遜河流域，而是分散在全世界的書店、書架和亞馬遜網站的倉庫裡。

## 用木材造紙

一旦開始研究和探索人類將樹做成紙的原因和過程，就會發現自己深深陷入伊底帕斯的領土中，無知而盲目，註定是名掠奪者，或者更像是但丁在《地獄》開頭所描述的：

「在人生旅程的中途／我發現自己置身於一座黑暗森林裡／找不到路。」英國詩人卡森（Ciaran Carson）將但丁著名的selva oscura一詞翻譯為「黑暗森林」（gloomy wood）：在探尋現代造紙的歷史時，偶爾黑暗罩頂，吞噬一切，有如突然降臨的夜晚，或是像莎士比亞《馬克白》的結尾，馬爾科姆的大軍在勃南森林折下一些樹枝作掩護，軍隊往唐西納尼（Dunsinane）前進，看起來就像整座勃南森林逐步迫近（黑澤明在一九五七年將此劇改編為電影《蜘蛛巢城》〔*Throne of Blood*〕，將這一幕黑暗逼來的肅殺氣氛表現得相當出色，在YouTube上可找到該片段）。光線一開始轉變為陰影，然後進入難以逃脫的黑暗。

在十八到十九世紀之間，造紙廠商開始尋找新的造紙原料，因為根本沒有足夠的碎布可以使用：一八〇〇年，英國從海外進口造紙用破布，要價高達二十萬英鎊，而且價格還不斷飆升。杭特（Dard Hunte）在他傑出的著作《造紙：古老的歷史和工藝》（*Papermaking: The History and Technique of an Ancient Craft*, 1943）中描述那時真正需要的，是「緊密排列的植物纖維，容易採集和處理，而且擁有單位面積最高的平均成長率」。木材顯然是終極的答案，而身兼製圖師和破產發明家的庫普斯（Matthias Koops）想出了一個快速的解決方案。一八〇〇年庫普斯發表名著《用以傳達思想的物質：從古至今的紙發明史》（*Historical Account of the Substances Which have been Used to Convey Ideas from the Earliest Date to the Invention of Paper*），他在書中聲稱，有些書頁的紙「完全是以木材為原料，是這個國家的在地產品，沒有混入過去或目前可能用作造紙原料的破布、廢紙、樹皮、稻草或其他的植物性物質，而且還能夠提出最充分的證明。」

後來，他確實提出了證明，在一八〇〇至一八〇一年間，庫普斯得到多項造紙專利，其中包括「使用秸稈、乾草、蒺藜、大麻和亞麻的廢料，以及不同種類的木材和樹皮來造紙的技術」。為了吸引金主投資他的另類造紙計畫，庫普斯在倫敦西敏寺附近建造了一座大型造紙廠。在學者戴維斯（Keri Davies）觀察入微的犀利眼光下，推測應當就是這家工廠影響到英國浪漫主義詩人布萊克（William Blake），讓他在充滿預言風格的《四天神》（*The Four Zoas*）一書中勾勒出世界末日的景象。只是紙廠開工不到一年，庫普斯就因為債權人向他催討債務而再次關閉了工廠，在一八〇四年就將其售出，徒留給他人木材造紙的獲利。在這些人當中，有一位是德國的紡織師傅凱勒（Friedrich Gottlob Keller），他在一八四〇年取得研磨木材機器的專利，後來福爾特（Heinrich Voelter）將其改良，並由巴珍斯特切（Albrecht Pagenstecher）

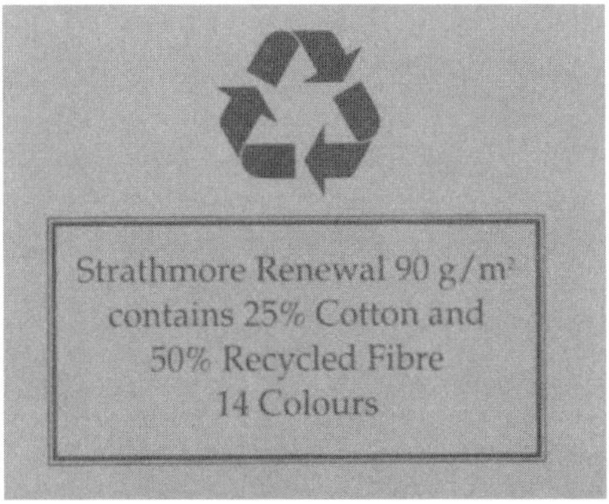


製造紙和信封的史密斯有限公司（G. F. Smith & Sons Ltd）的信封產品之一，上面標示著纖維成分。

進口到美國，興建美國第一座木漿研磨廠。這時期還開發出化學木漿的製程，不須再經過研磨，而改成以燉煮木材的方式進行，通常是用蘇打配製的鹼液，或用亞硫酸鹽做出的酸性溶液來燉煮，藉此免除了西方世界十九世紀中葉可能爆發的缺紙危機。造紙的原料成本下降、產量增加，全球用紙需求量呈爆發性成長。紙的時代真正開始。木材拯救了紙。

## 紙戕害樹木

然而，紙卻反過來破壞林木。今天，幾乎有一半的工業是採用伐木方式來取得木漿造紙，環保人士統計後發現，我們對這白色東西的強烈占有欲，已威脅到整顆藍色星球的存續。中世紀時，英國曾組成特別法庭和宗教裁判，聽取偷獵戶和林農殘害「森林的抗辯」，他們因為損害木材和走私鹿肉，而遭到違反森林法的指控。當代對抗這些林業者的方式，則是環保運動人士控訴跨國造紙企業不當管理森林的罪行。

在現代森林的辯護人中，情緒最憤怒激昂，但言論最擲地有聲的，要屬身兼作家和社運人士的哈吉斯（Mandy Haggith），他認為「我們必須忘卻對白紙的執著，它並不是乾淨、安全和自然的，我們要認清它的真面目，它其實是化學漂白的樹漿。」根據哈吉斯和森林倫理、山茱萸聯盟與自然資源保護委員會等組織的調查，現代化的造紙過程已經對人類和環境產生毀滅性的影響，一言以蔽之，這造成土壤侵蝕、洪水暴發，以及棲地和物種的廣泛滅絕，也造成貧困、社會衝突，引領世人往自我毀滅的方向走去，步上一條漫長而無情的紙路，直至世界末日。目前造紙業掌握在國際紙業（International Paper）、喬治亞太平洋公司（Georgia-Pacific）、惠好公司（Weyerhaeuser）、金百利克拉克公司（Kimberly-Clark）等少數幾家跨國企業的手上，它們全被指控夷平古老森林，改用須施以化學肥料的單一樹種人造林取代，而且它們的工業副產品還會汙染河流與湖泊。

它們的罪行罄竹難書，而且即使造紙企業可以完全開脫罪名，木材資源取之不盡、用之不竭，且所有森林都以永續發展的原則來管理，造紙業仍然對世界的未來構成威脅，因為大規模的工業生產流程還是要用到許多其他有限的資源，包括水、礦物、金屬和燃料。哈吉斯表示：「製作一張A4紙，不僅會產生和點亮燈泡一小時一樣多的溫室氣體，還須用掉一大杯的水。」（業界數據顯示，每生產一噸紙約需四萬公升的水，不過這當中多半的水都會回收再利用。）在日常生活中消耗報章雜誌、便利貼、廁所衛生紙和廚房紙巾等各式各樣的紙製品時，我們等於是在豪飲數加侖的水，吃掉大量的電力：我們的「體紙量」不斷攀升，若以耗紙量來計算，人人變得肥大不堪。在英國，每人的年均耗紙量大約是兩百公斤，在美國則逼近三百公斤，而在占全世界造紙總產量一五%的芬蘭則更高。目前中國的人均消耗量僅有五十公斤，但增長的速度飛快。全世界的用紙量已接近每天一萬公噸，而且大多數的紙在結束它們短暫的壽命後，都進了垃圾掩埋場。根據哈吉斯的說法，這種作法無異是展現出「我們對紙的全然蔑視」。

## 對樹木的崇拜

這實在很奇怪，因為人類對樹的喜愛絕對是無庸置疑的。事實上，我們對樹的崇拜並不是以樹木學家（dendrologists）的方式來喜愛，而是以「拜樹者」（dendrolators）[5]的方式崇敬。在弗雷澤（James Frazer）瘋狂收錄各地神話和儀式的長篇鉅作《金枝》（*The Golden Bough*, 1890）[6]中，有一整章都在探討人類對樹木的崇拜，羅列幾乎所有人類和非人類經驗的儀式，從出生、結婚、死亡到重生，循環不息。《金枝》這個書名當然是出自《埃涅阿斯紀》（*Aeneid*）[7]，故事中埃涅阿斯（Aeneas）和女預言家（Sibyl）都必須向死者的擺渡人卡戎（Charon）出示金枝才能穿越冥河，通過靈薄獄（Limbo）和地獄[8]，進入極樂世界，在那裡埃涅阿斯得以與父親安喀塞斯（Anchises）團聚。在北歐神話中，也是藉由「世界之樹」（Yggdrasil）才能進入地下世界和其他世界，那是棵巨大的桉樹，能和所有世界相

---

⑤譯註：在古希臘文中，dendr-是樹的字根，而-latry是崇拜之意。此處的lator應指懷有崇拜之意的人。

⑥譯註：弗雷澤（James Frazer, 1854—1941）是英國的社會人類學家，也是神話學和比較宗教學的先驅，一生的研究盡在《金枝》（*The Golden Bough*）一書，第一版出版於一八九〇年，一共有兩卷。到一九一五年第三版出版時，已經擴充到十二卷。

⑦譯註：《埃涅阿斯紀》是維吉爾創作的史詩，共十二卷，將近萬行字。前半部仿古詩人荷馬的《奧德修記》，敘寫埃涅阿斯的流浪；後半部仿《伊利亞記》，敘寫埃涅阿斯與圖爾努斯的戰爭。

⑧譯註：在但丁的《神曲》中，靈薄獄位於冥河之外，是地獄的第一圈，在古代歷史和神話中是貞潔異教徒靈魂的去處。

連，相傳北歐神話的「戰神」奧丁（Odin）曾倒吊在此樹上獻祭犧牲，復活後獲得神力，得以看透一切。在宗教、歷史和傳說中，充斥著各種跟樹有關的故事，有的很離奇，有的很神聖：奧古斯丁在一棵無花果樹下頓悟，牛頓在蘋果樹下獲得靈感，佛陀在菩提樹下悟道，詩人華茲華斯在「這黑暗的梧桐樹下」創作出抒情歌謠〈丁騰修道院〉，而到十八世紀時，波士頓的一棵大榆樹還冠上了「自由之樹」的稱號，成為美洲殖民地反抗英國統治的象徵。

如果說樹能啟發人心，又是解放的象徵，那麼樹林和森林通常就是能代表整個民族、國家，乃至全世界的迷人之地。舉個例子來說，在馬維爾（Andrew Marvell）所寫的英國內戰寓言〈阿普爾頓家，致吾王費爾法克斯〉（Upon Appleton House, to my Lord Fairfax, 1651）中，故事的主人翁選擇在「樹林裡避難」，那裡的拱形樹緊密相連，是「綠色寺廟的梁柱」，樹林是一處安全的地方，可以讓人棲身、重新思考和重新想像。同樣的，在卡爾維諾（Italo Calvino）那本精彩小說《樹上的男爵》（*The Baron in the Trees*, 1957）中，場景設定在十八世紀的利古里亞，年輕的男爵柯西謨為了逃避家庭的折磨及觀察世界，爬上了一棵樹，他非常喜歡那裡，決定再也不下來。

對於樹居的嚮往並非僅僅是童話故事，雖然很多時候這樣的生活確實是童話（好比說在《格林童話》中，格林兄弟創造出一座森林中的森林，讓人覺得與其說他們的作品收錄自德國民間故事，倒不如說是直接孕育自德國的土壤）。晚近也有非常多書以神話手法讚頌樹木和林地。塔奇（Colin Tudge）在《樹的祕密生活》（*The Secret Life of Trees: How They Live and Why They Matter*, 2005）中提到：「要是沒有樹，人類這個物種根本不會出現。」瑪貝（Richard Mabey）在《樹之紀事》（*Beechcombings: The Narratives of Trees*, 2007）中主張樹木見證了整部人類的歷史，「隨著時間而凝聚」。而迪肯（Roger Deakin）在《樹之旅》（*Wildwood: A Journey Through Trees*, 2007）中提出他的個人見解，描述樹木如何教導我們了解自己和彼此，森林不僅映照出自然，本身就是一面自然的鏡子。」梭羅老早就在《湖濱散記》（*Walden, Or Life in the Woods*, 1854）中宣布：「我走進樹林，因為我想要從容地活，只面對生命的本質，看看我能否學到它要教會我的東西，而不是到了將死之際，才發現自己從來就沒有真正活過。」

而這裡，或許就是當代的我們將樹木轉成紙之內疚和困惑的來源，這裡是黑暗森林的中心，在這裡我們並不是見樹不見林：我們其實連樹也看不見。當我們凝視森林這面鏡子時，我們看到自己。人類學家布洛赫（Maurice Bloch）在〈為何樹木是思考的良伴：生命意義的人類學初探〉（Why Trees, Too, are Good to Think With: Towards an Anthropology of the Meaning of Life, 1998）這篇文章中，提出「樹的象徵性力量來自於和人類之間十足的對應關係。我們是人？還是樹精？一棵樹的生長過程會讓人聯想到人類的發育過程。在樹上，無論是好是壞，我們看到自己身體的各個部位：樹枝是四肢，樹葉是毛髮，樹皮是皮膚，樹幹是軀幹，樹汁是血液。在莎士比亞的《泰特斯・安特洛尼克斯》（*Titus*

*Andronicus*）中，以「她的兩個分枝」（her two branches）來描述拉維尼婭的一雙手經過「修剪」和「斧鑿」（lopp'd and hew'd）；在美國詩人弗羅斯特（Robert Frost）的詩作〈窗前的樹〉（Tree at my Window）中，將人的命運和樹綁在一起：「你們是如此掛念窗外的天氣／而我則在乎內心的晴雨。」生機盎然的樹木確實象徵著人類生命的再生和延續。就此來看，將樹木轉變成紙，無異是一種自我毀滅的過程，是一個惡魔般的轉變，彷彿是在彌撒時將酒逆轉回基督的血液，對白紙的痴迷等同是惡魔崇拜。在弗雷澤的整部《金枝》中，關於樹木崇拜最不尋常的一段是：

往昔對樹木有多麼崇拜，可以從德國舊法中嚴峻的罰則窺知一二，若是有人膽敢剝下樹皮，將會切下這名罪犯的肚臍，釘在樹上被他剝去皮的地方，然後要拖著他沿樹繞行，直到他的腸子圍繞整棵樹幹為止。這種處罰的目的顯然是要以人命償還死去的樹皮，這是一命換一命，用一個人的生命抵償一棵樹的生命。

## 拯救地球

當代西方自然書寫中有許多這類懲罰與自我懲罰的敘述和幻想，讀起來常讓人覺得像是一場自戀的實驗，就是那種希臘神話中美少年納西瑟斯（Narcissus）無法區分自己和自身倒影的感覺。自然寫作中有一派文學批評理論稱為「生態詩學」（ecopoetics來自希臘文中的oikos，即家、家庭或棲居之所，而poiesis是「做」的意思），主要是在與自我個性和自給自足這類難題搏鬥。根據生態詩學最傑出的支持者貝特（Jonathan Bate）的說法，「若是生態系失去健康，我們內心的生態也無法持續。」在他堪稱是「絕技」，或至少是一「傑作」的《大地之歌》（*The Song of the Earth*, 2000）中，貝特認為「深層生態學的夢想永遠不會實現，但我們這個物種的生存，卻可能取決於我們在想像的作品中對其懷抱夢想的能力。」貝特主張我們可以透過了解藝術作品做到這一點，他借用美國詩人史奈德（Gary Snyder）和哲學家瑞柯（Paul Ricoeur）的說法，提出我們可以將藝術品視為「自然的想像狀態、想像中的理想生態系，透過閱讀和棲居於其中，我們就可以開始想像在地球過著不同的生活會是什麼樣子。」貝特在他謎樣的結論中寫道：「若凡人投身在他們要拯救地球的想法，棲居於其中，若是詩歌的原意就是住宅、棲居之所，那麼或許詩歌便是我們能拯救地球的地方。」

壞消息是，詩歌大概不會是我們能拯救地球的地方，而且恐怕也沒有什麼證據能夠支持貝特的論點，即「凡人投身在他們要拯救地球的想法，棲居於其中」，凡人心之所繫的反而是——或肯定是——怎樣使用地球。英國的林地從羅馬人到撒克遜人幾乎全都為了發展鑄鐵工業而被夷為平地；在德國，Forstwissenschaft（林學）結合了代數與幾何，發展成一種森林數學，林農可藉此計算出林地和木材的體積，從而規畫砍伐和補種的數量。生態詩學渴望天人合一的境界，但過往所有的經驗告訴我們，將自身從自然世界抽離，進行宰制與掠奪才是常態。

所以，這段困難的關係要如何繼續下去？我們要如何找到穿過這片黑暗的道路？要如何與森林和紙共存？為了要確保我們的燃料和書的纖維供應無虞，也許我們應該只採用朽木或風倒木這些「卑下的」（cablish）木材（此字源自拉丁文的cableicium或cablicium，指被風吹倒的樹木或卑下粗魯之意）？還是說我們都應該向梭羅看齊，用小白松來搭建小屋？也許我們應該進一步尋找在造紙過程中替代木漿的物質，像是麻、稻草、亞麻或洋麻這些永續的農作物？不過至少我們應當從尊重我們的用紙開始——撇開其他一切不談，這意味著我們對自己的尊重。

# 3

# 行走的紙：地圖

解僱書，免職令（walking-orders,-papers.-ticket）：解僱（通知），美國（1830年代），部分英國化，特別是在殖民地區域。

——派翠奇（Eric Partridge），

《俚語和口語英文辭典》（*A Dictionary of Slang and Unconventional English,* 8th edn, 1984）

▲底紋：十六世紀印在紙上的木刻地圖。

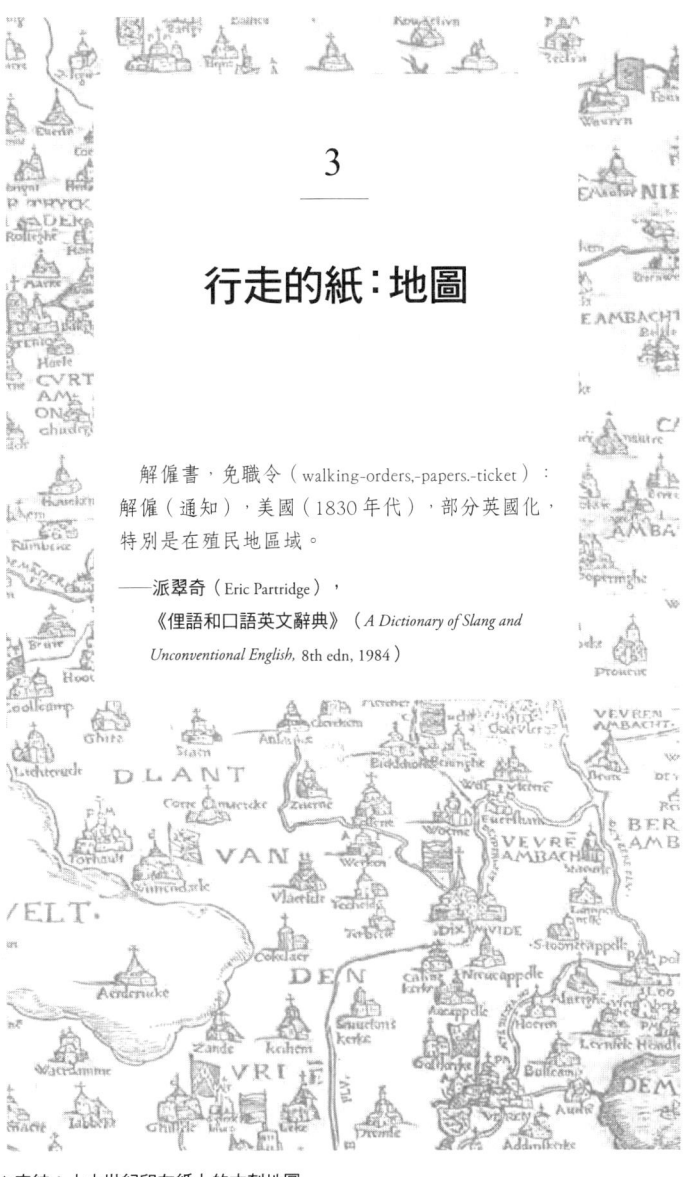

## 令人著迷的紙本地圖

「地圖是人畫出來的，可不是由機器自動產生的」，地理學家萊特（J.K. Wright）在一九四二年發表〈地圖是人類製造出來的〉（Map Makers are Human）這篇經典論文中如此寫道。然而，時代改變了，這些日子以來地圖確實是由機器自動產生的，或者至少是由人操作一套結合電腦軟硬體的「地理資訊系統」（Geographic Information Systems，簡稱GIS）所產生的，它能夠擷取、儲存和顯示地理及地形資料；在ＧＩＳ的標準介紹中提到，它「正在改變世界，以及幾乎當中所有的一切」。電腦製圖系統最初是由加拿大政府開發出來的，到一九六〇年代期間交由哈佛大學接手，時至今日我們都習慣這種可以簡單下載、標記、縮放和點擊的地圖，而不是在上面塗寫後折起來放在背包裡的全張地圖，現在我們用指尖就可畫過整部地圖集，口袋裡等於裝了一個地球儀。理論上，紙本地圖早應走入歷史，但事實並非如此。

這可能單純只是因為人就是喜歡看著手上拿的那份地圖，以及一份地圖在手上的感覺——當然確實有些人偏好這樣的手感。二〇〇六年時，史麥利三世（Edward Forbes Smiley III）從耶魯大學、哈佛大學和大英圖書館的館藏中，偷了一百多張總價三百萬美元的地圖，因而入獄服刑。史麥利用刀片割下書中的地圖，跟另一位出名的地圖賊布蘭德（Gilbert Bland）採用的伎倆相同。布蘭德是佛羅里達州的古董商，行事低調的他，在自傳中倒是將自己形容成「製圖界的卡彭（Al Capone）」，雖然他不像卡彭這位縱橫芝加哥、紐約和拉斯維加斯的黑幫老大一樣，犯下暴行、偷拍、賄賂，最後還得到末期神經梅毒。他的生活其實很平淡，就跟史麥利一樣是個愛好古董紙的雅賊。

那麼，究竟是什麼原因會讓人想偷地圖呢？當然就跟偷錢和偷書的原因一樣，這三樣東西都是因為具有特殊標示，而變成價值不斐的紙。如此說來，地圖也許更特別，人會去偷地圖，可能是因為地圖象徵著征服，所以地圖賊在某種程度上代表終極的征服，占有了曾經的占有手段。這當然只是我自己的臆測而已，其實並沒有什麼黑幫製圖師。我必須承認，多數人之所以想要將古老地圖占為己有，多半是因為十七世紀鑲金的手繪彩色多層次染色地圖，看了實在讓人怦然心動，像是在荷蘭阿姆斯特丹海事博物館展出的威廉・揚松・布勞製圖所（Willem Janszoon Blaeu and sons）地圖，它們看上去是如此的不凡與精細，只有那些沉迷於電子螢幕的人才感覺不到想占有它的欲望（當時布勞必須設計並架設自己的印刷機，才能生產出這種高品質的作品）。又或者是十六世紀在伊莉莎白女王手下的薩克斯頓（Christopher Saxton）所製作的地圖，這是英國的第一批地圖，美觀、簡潔而內斂，是由來自低地國的雕刻師和藝術家精心手工印製的，後來還成了風靡一時的紙牌圖案。還有十七世紀賽勒（John Seller）製作的海圖，絕對是首選的傑作。或是和我姓氏相仿但毫無關連的法國桑松（Sanson）家族所製的地圖，一位權威人士表示他們的作品「總是充滿尊容和吸引力，並飾以美觀的渦卷裝飾」。但願如此。

就連我收藏的比例尺為半英寸的巴塞洛繆（Bartholomew）地圖，雖然相比之下顯得微不足道，但帶有愛丁堡鄉村紳士的優雅氣息，具備令人滿意的厚度，那是一種宛若木製拼圖或舊電木廣播的豐盈感，提醒人們古老的事物就是比較扎實、有分量。過去似乎真的比較沉重，也經常真是如此。我的巴塞洛繆地圖，當中有些已經超過百年，這些古老的印製紙是以亞麻布裱褙的，幾乎看不出它們的歷史，除了邊緣有一點點磨損外，仍然適合握在長程健行者的手中，就像健行家溫萊特（Arthur Wainwright）隨身攜帶的菸斗，或是包裹三明治的防油紙一樣。用印刷地圖來找路似乎是再自然不過的事，這大概是因為幾個世紀以來，人都是在用紙的狀況下指引自己找到出路與方向，所以我們習慣靠地圖指導我們走向目的地：閱讀地圖是我們另一個根深柢固的用紙習慣。在二〇〇八年的《環境心理學期刊》（*Journal of Environmental Psychology*）上，東京大學認知行為地理學家石川徹（Toru Ishikawa）博士發表了一篇文章：〈以GPS行動導航系統找路：地圖和直接經驗的比較研究〉（Wayfinding with a GPS-Based Mobile Navigation System: A Comparison with Maps and Direct Experience），他發現使用GPS設備的行人，走錯路的情況比那些使用紙本地圖的來得多（但使用紙本地圖的人，走錯路的又比直接開口問路人的多）。石川博士還研究在博物館欣賞藝術品時，使用影音導覽和參考傳統指南與平面圖的參觀者之間的差別，結果發現那些使用新技術的人，對於剛剛看過的作品，往往忘得比那些使用傳統導覽的人更快。美好的舊紙，是人類最好的朋友，就像是在我們身邊小跑步的忠實獵犬。

## 新時代的製圖方法

就連在虛擬世界中，紙也是可以依賴的。比方說在一系列的《超級瑪利歐》（*Super Mario*）電動遊戲中，發展出非常有趣的《紙片瑪利歐》（*Paper Mario*）、《超級紙片瑪利歐》、《紙片瑪利歐：千年之門》（*Paper Mario: The Thousand-Year Door*）以及其他的《瑪利歐》和《路易》（*Luigi*）系列，這些遊戲最具吸引力的地方，不只是瑪利歐具備可將自身折疊成紙飛機和紙船這樣讓人大開眼界的功能，還有他那隻戴著白手套的手上經常拿著一張值得信賴的地圖，他靠這張地圖遊走在撲朔迷離的虛擬世界，如此一來，瑪利歐這個留著鬍子的勇敢探險家，也成了我們的嚮導。在義大利有位自稱是「絕地建築師和媒體大師」的男子博卡拉里（Iacopo Boccalari），自行研發出瑪利歐風格的製圖方式，他以一種簡單方法將螢幕上沉悶的谷歌地圖轉換為類似紙本地圖的格式（見www.iacopoboccalari.com）。還有一個由瑞典設計公司經營的網站「紙上地圖」（MapsOnPaper.com），會將適合在螢幕上瀏覽的地圖轉檔成適合列印的格式。就上述幾點來看，如果說紙的幽靈依舊在機器中飄盪徘徊也不為過。

不過說真的，近年來網路上開放的資料和製圖工具越來越多，大家都可以隨心所欲地製作自己想要的地圖：在目前慣用的Web 2.0環境中，地圖的消費者已經成為地圖的生產者。這種新的地圖製作方式有時也稱為「新製圖學」（neo-cartography），二〇〇四年一位名叫寇斯特（Steve Coast）的男子成了第一批數位化的新製圖師，他創造出一種稱為

「開放街圖」（OpenStreetMap，簡稱OSM）的維基百科地圖。寇斯特以廉價的手持GPS設備，著手打造一個免費、無版權，而且可以任由他人增添和編輯的地圖。在他的任務聲明中，他表示打造開放街圖是為了「促進免費地理空間數據的成長、發展和傳播，並提供地理空間數據給任何人使用和分享」。不過這套系統最讓人驚嘆的地方也許是，即便使用「開放街圖」的共享地理空間數據，還是要用到紙，才能使它有效地運作。不是每個人都具備尖端的數位化工具或製圖的本能，或是受過增加重要細節到數位化地圖的訓練，所以之後迅速發展出各種方法來協助OSM的演進，其中一種方法是所謂「行走的紙」，這可以讓用戶將OSM地圖列印出來，用筆添加細節，再掃描起來，然後用OSM的網路軟體將修改處送回地圖中。這一點很容易：現在人人都可以當新時代的製圖師。而且，最關鍵的是，這不

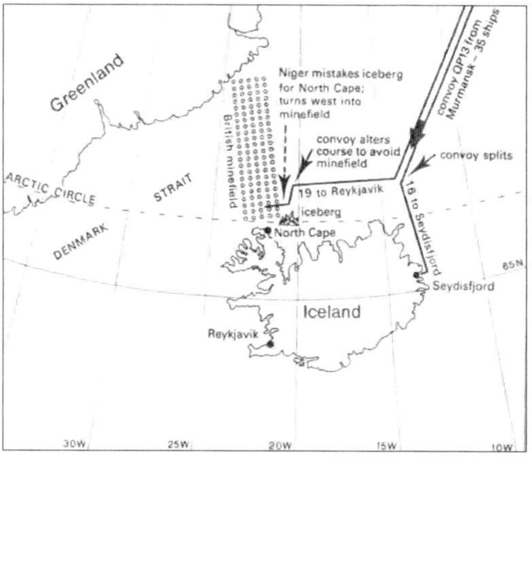


顯示歷史事件的地圖。

只是想要投身地理學的專業人士才能擁有的嗜好。

基貝拉（Kibera）是肯亞內羅畢的一處大型貧民窟，估計約有二十萬到一百多萬人聚集在那裡。二〇〇八年，義大利學者瑪哈斯（Stefano Marras）開始規畫一項獨立的「基貝拉製圖計畫」（Map Kibera Project），以「行走的紙」這個方法來繪製基貝拉的地圖，希望能產生產一份可靠、新穎的地圖供這個不斷變動的城市居民使用。計畫人員訓練當地孩子使用基本的GPS手持設備，讓他們捕捉該地區的地理數據，接著再和志工列印出A1大小的地圖，讓其他人可以利用描圖紙和彩色筆增加重要細節，如市場、下水道、路徑和溪流的位置。最後再將這份標記好的地圖拍照並複製到電腦中，以此更新原先的地圖，並大量印製和分發這份新的地圖：數位化和紙張化之間的過程儼然出現一動態的流動。

這種混合數位化和紙張化的製圖過程，也成功地用於災區重建，例如二〇一〇年洪災肆虐後的巴基斯坦、二〇一一年地震過後的基督城，以及目前的海地。不過在此之前，似乎完全沒有一家民間企業對此感興趣，唯獨在十九世紀初期，「英國散播實用知識學會」（English Society for the Diffusion of Useful Knowledge，簡稱SDUK）曾以一先令的低廉價格將他們製作的地圖便宜賣給勞動人口，一直持續到十九世紀中葉，不過那時還沒有人意識到SDUK地圖的使用者其實也是它的製造者。地理數據收集和分布的階級模型也許改變了，但紙在數位時代仍然扮演一定的角色：機器也許可以製作出地圖，但仍然得在紙上運行。

## 地圖的演進史

從第一張畫在沙地上的地圖，到谷歌地圖、開放街圖等新製圖法的黃金年代，這中間歷經了好幾個世紀，而這期間世人不僅將地圖畫在紙上，還嘗試畫在任何可能的材質上，包括石材與木材。九世紀時，法蘭克王國加洛林王朝的查理曼大帝（Charlemagne）甚至製作了一張銀版地圖。在西方世界眾人皆知，第一張印刷地圖出現在塞維利（Seville）聖伊西多爾（St Isidore）一四七二年版本的字典中，而且每個人都知道，這是佛蘭德的製圖師麥卡托（Gerardus Mercator）在十六世紀晚期開始採用以經緯度為基礎來投影製作的地圖（這種作法的優點是讓航行變得更容易，缺點是比例失真，讓格陵蘭看起來比中國還要大，歐洲也大於南美）。但並不是每個人都知道，在麥卡托的時代還有另一位偉大的繪圖創業家歐戴爾（Abraham Ortels），這位來自比利時安特衛普的創業家，身兼印刷業者、書商、印刷經銷商以及地圖裝飾師等多重身分，他搶在麥卡托之前，創造出第一份現代地圖集。

十六世紀中葉時，據說在安特衛普有位富商，向友人抱怨當時的地圖尺寸不實用：大的過於龐大笨重，小的又幾乎難以閱讀。那麼，大的究竟有多大呢？確實是巨大無比。以瓦爾德澤米勒（Martin Waldseemuller）的《宇宙學圖集》（*Universalis Cosmographiae Descriptio in Plano*）為例，這是他那本《宇宙學入門》（*Cosmographiae Introductio*, 1507）所附的圖集，而且是全世界第一張印有America（即今日之「美洲」）字樣的地圖，整張圖分別印製在好幾張紙上，全部貼在一起後，約有三平方公尺大。近來，都是利用演算法來設計和折疊大型地圖的，爾後又將這些方法反過來應用於開發能夠折疊成平板的立體物件，諸如可包裝成平板的家具，以及從數學規則演變而來的汽車零件生產線。

但在十六世紀的安特衛普，還沒有平板包裝的家具，也沒有方便的演算法，所以商人的朋友便向天資聰穎的年輕地圖製作師歐戴爾（或稱歐提留斯〔Ortelius〕）轉述富商的怨言，看他是否可提供協助。歐提留斯最後製作了大約三十張大小相等、容易翻閱的地圖給商人，年輕氣盛、雄心勃勃的他馬上意識到這不僅是一件委託案而已，這是他一展長才的大好機會。他開始收集和編輯更多的地圖，將其刻在自己的雕刻板上，印刷並裝訂成冊，持續進行了十幾年這樣艱苦的工作後，終於在一五七〇年五月二十日出版全世界第一本現代地圖集《寰宇概觀》（*Theatrum Orbis Terrarum*），在五十三張銅板印刷紙上印了七十張地圖，售價是六塊半荷蘭盾。

《寰宇概觀》是件了不起的藝術作品，歐提留斯本人具有一定的藝術涵養，他是北方文藝復興畫家代表布勒哲爾（Peter Brueghel the Elder）的朋友，本身也很早開始收藏德國中世紀末期知名畫家杜勒（Dürer）的作品。不過這本圖集也非常實用，不僅方便攜帶、瀏覽便利、內容詳實，而且價格實惠。三個月內便發行第二版，一五七一年又發行荷蘭文版，隨後很快就出現其他版本和補充資料。學者估計在剛出版前幾年，這份地圖集在各地的總銷售量超過七千七百五十本。第一份麥卡托綜合地圖一直要到一六〇二年才發行，當中納入他所有的地圖，而且很快就搶了《寰宇概觀》的鋒頭，取而代之成為最暢銷的地圖集，但說到底，歐提留斯才是地圖界的第一人：《寰宇概觀》的編輯架構奠定了現今製作地圖集的方式，先從世界地圖開始，接著是各大洲的地圖，最後才是各個國家。

## 地圖帶來的影響

經過這場十六世紀地圖與繪圖技術的革命後，緊接著登場的是「有史以來最熱絡的房地產發展」，這是布朗（Lloyd A. Brown）在《地圖的故事》（*The Story of Maps*, 1950）中觀察到的。從十六到二十世紀，地圖讓許多團體和個人得以探尋世界，展開大大小小的冒險。對國家來說是如此，對鄉村莊園也是。比方說，英國知名的「萬能」布朗，他就是因為具有能夠看出景觀的潛能，才會得到這樣的稱號。他看地景的方式，就如同在讀一份文件，或一張地圖一樣。摩爾（Hannah More）在解釋布朗的花園設計時，生動地描述了他的神態：他會伸出一隻手指，然後宣稱：「我要在這裡放一個逗號」，然後指著另一個地方說：「這裡適合放一個更明確的轉折，所以我在另一邊做一個冒號；在其他地方需要一個阻隔來切斷視線，所以用括號；現在放上一個句號，完成這一切，接下來我就能開始另一個主題。」使用地圖和調查資料，便能管理莊園房舍、種植樹木，實現宏大的願景和想法。

過去五百年來，紙幫助世人開創和定義出景觀、種族和國家。在地圖的協助下，荷蘭與法國的軍事殖民得以擴展，英屬東印度公司和其他無數企業的商業活動也能藉此確定下來。（除了空間之外，時間也因為紙張的使用而受到另一種形式的「殖民」，以時間軸、時間表、天文圖表、家譜和繼承列表等方式呈現，其中最知名、最精緻的要屬一五一六年杜勒為神聖羅馬帝國皇帝馬克西米利安一世設計在紙上的巨大凱旋門，一共包含四十五張巨幅紙板。）不論是在國內外，地圖都可賦予地方明確的法律定位，讓統治者可以確實掌握領土大小，並加以防衛。比方說英國軍備局在一七九一年展開的地形測量工作，其實是接續一七四六年，在蘇格蘭高地成功利用地圖、在卡洛登終結詹姆斯黨人叛亂後延續下來的工作，後來轉變成英國地形測量局①。這並不盡然都是關於戰爭與國家存亡的壞消息。如果地圖是我們在這世界中所居位置的一種視覺陳述和論證，那麼宣布「我在這裡」和「你在那裡」可以用於好事，也可以是壞事。

在十九世紀的英國，最善用地圖的人應當是布斯（Charles Booth），他代表倫敦窮人參選，並以七種顏色標記的街道地圖分別代表不同階層的人：黑色區域主要居民是偶爾必須勞動者、無業遊民與半犯罪分子，而黃色區域主要居民則是通常僱有「三名以上

①譯註：英國光榮革命後，詹姆斯黨人暴動，遭到推翻的詹姆斯二世流亡海外，其子查理．愛德華．斯圖亞特意圖恢復父親王位，在蘇格蘭募集軍隊，並獲得蘇格蘭高地氏族的支持，迅速攻陷愛丁堡和英國政府軍，然而最後在卡洛登沼澤戰役大敗，詹姆斯黨從此一蹶不振，蘇格蘭的氏族制也因此沒落。

僕人的富裕家庭」。（我注意到我的家族也是來自於黑色街區。）在麥克阿瑟（Stuart McArthur）一九七〇年代發行上下顛倒的〈通用糾正世界地圖〉（Universal Corrective Map of the World）中，將澳洲置於地圖上方，作為一種國家的主權宣示；而著名的彼得斯投影（Peters projection），不同於麥卡托投影，則維持所有國家和各大洲的相對大小。這些製圖法不僅是製圖師的挑戰，也連帶影響到國際社會之間的關係：現在得知道非洲的實際大小後，你打算怎麼辦呢？安德魯斯（J.H. Andrews）在《那些日子以來的地圖：一八五〇年之前的製圖學》（*Maps in Those Days : Cartographic Methods Before 1850, 2009*）中精闢地總結道：「地圖表達出世人對地球表面的信念。」當然也可以在後面加上對其居民的信念。一八三一年十二月二十七日，小獵犬號（HMS Beagle）載著年輕的博物學家達爾文駛離英國，主要是為了執行一項製圖任務，目的是繪製出南美海岸線的地圖；五年之後它返航，人類文明的新地圖就此展開。

地圖歷史學家斯凱爾頓（R.A. Skelton）總結了地圖的力量和作用：「在政治領域中，地圖用於國界的畫分；在經濟中，則是評估財產和稅收，最終可作為一張國家資源清單；在行政管理上，可用於軍事溝通，不論是戰略還是軍事規畫，進攻還是防守。」地圖是由無數的紙組成與整合起來的，撐起了現代世界，且至今仍是其基礎。在激進的地理學家伍德（Denis Wood）眼中，地圖是一套系統，包括「典範、法律、帳簿、合同、條約、索引、契約、交易和協議」。地圖創造出現代性，並使其延續下去，至今仍充斥於紙面上。

但地圖也扼殺了現代性。製作地圖的一項傳統挑戰，是要在平面上表現出實際存在於球面各區域之間的大小遠近關係，這是多年來最棘手的問題之一。一九三一年，哲學家科爾茲布斯基（Alfred Korzybski）在美國科學促進會上發表了一篇名為〈一套非亞里斯多德體系及其對嚴謹數學和物理學之必要性〉（A Non-Aristotelian System and its Necessity for Rigor in Mathematics and Physics）的論文，他在文中指出「地圖並不是領土」。但若它真的是呢？如果一張地圖準確到足以成為領土呢？若是地圖對領土的再現達到完美境界呢？在波赫士（Jorge Luis Borges）的短篇故事〈科學的精確〉（On Exactitude in Science, 1946）中，一個著迷於製圖的痴迷帝國，製作了一幅比例尺為一比一的地圖，但在歷經一段時間後，「投入製圖研究的人日漸稀少，帝國後代子孫嫌這種巨幅的地圖麻煩」，就任憑巨圖損壞，偶爾會看到它的碎片覆蓋在「一頭野獸或乞丐」身上。在所有進步的數位技術中，我們都是波赫士的野獸或乞丐，還是用紙及其再現物包裹我們自身，仍在努力區分地圖和領土之間的差別，仍然抱著一線希望，期待我們的指南折疊方便、防水、紙質耐磨，在漫長的旅程可以穩穩地握在手中。或者，也許只有我這樣想而已。

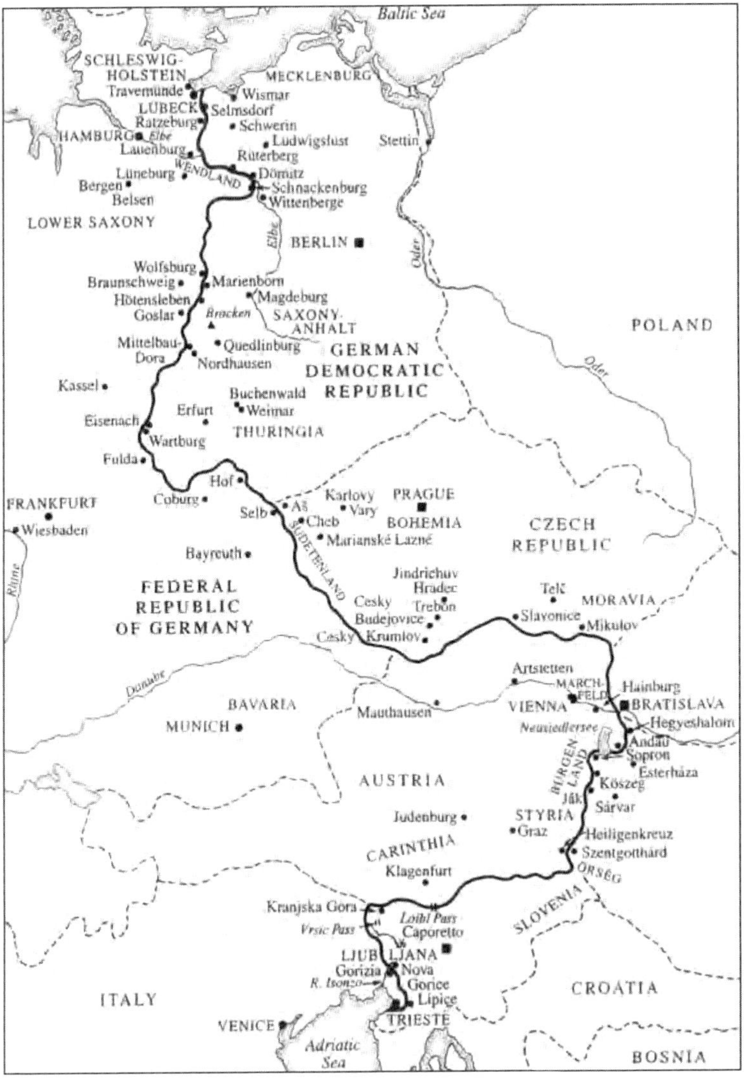


鐵幕（ Iron Curtain，指冷戰時期將歐洲分為兩個受不同政治影響區域的界線，鐵幕以東屬於共產主義勢力範圍，鐵幕以西為自由主義勢力範圍）。

# 4

# 藏書癖的受害者

親愛的先生，我們現在要開始製作藏書癖的受害者名錄！

——迪布丁牧師（Reverend Thomas Frognall Dibdin），《藏書癖或書狂症：關於此致命疾病的歷史、症狀以及治療方法》（*Bibliomania, or Book-madness; containing some account of the history, symptoms, and cure of this fatal disease*, 1809）

▲底紋：穆爾（Ann Muir）手工製作之大理石紋紙。

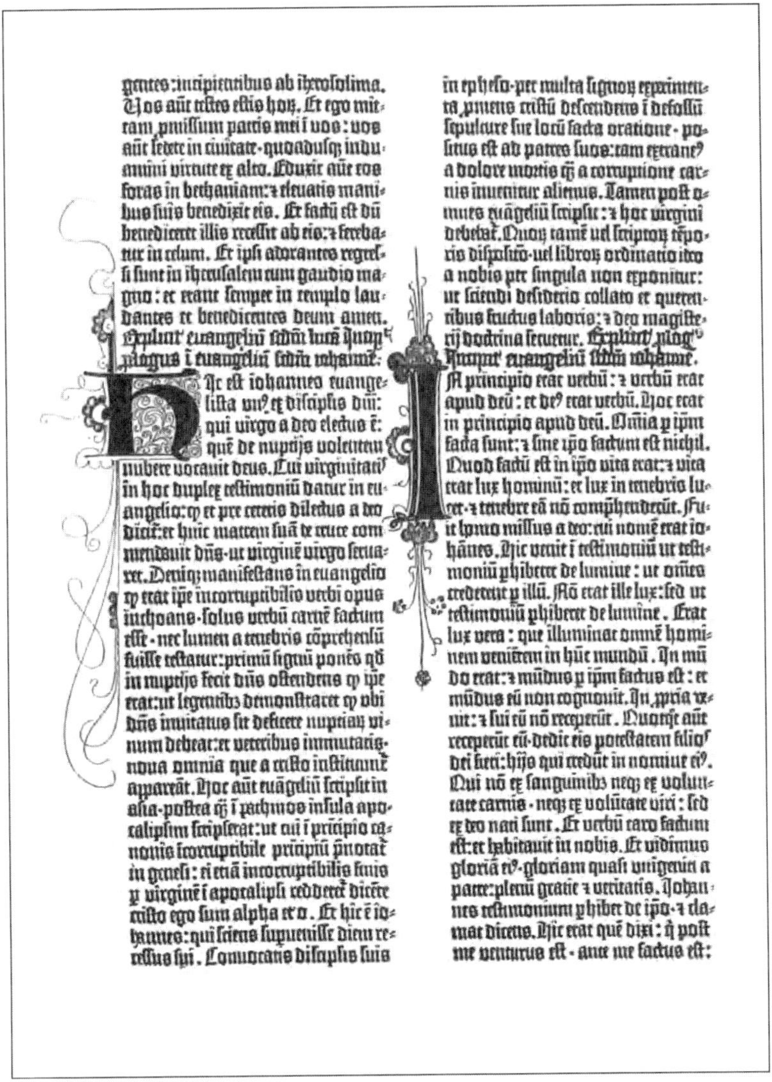

古騰堡的四十二行聖經。

**慎防藏書癖**

在美國小說家柏洛茲（William Burroughs）著名的小說《裸體午餐》（*The Naked Lunch*, 1959）的一開頭，寫到他所謂的「沉積：關於一個疾病的見證」（我手上的這一本，是裝訂很好的精裝本，還附有約翰・考爾德〔John Calder〕出版社的原裝防塵套，是我在切姆斯福德的舊貨店買到的二手書，這是以前週末時我和學校友人買便宜平裝書的好去處，在那裡尋找畢慈、沙特、卡繆、布勞提根、波赫士和迪克的著作），柏洛茲描寫他十五年來對「垃圾」的癮頭，從鴉片到各種衍生物，包括嗎啡、海洛因、鎮痛藥（eukadol）、鴉片全鹼（pantopon）、嗎啡類麻醉止痛藥配西汀（Demerol）、嗎啡替代物右馬拉胺（palfium）和其他一大堆吸食、注入或插入的東西。柏洛茲寫道：「垃圾是最理想的產品……，是最終極的商品。完全沒有推銷的必要，客戶會想盡辦法，哀求著要買……毒販並不是在將產品賣給顧客，而是將顧客賣給了他的產品……吸毒者……對垃圾的需求越來越高，賴此保持自己的人形……〔好〕收買身上背負著的猴子。」

如果你正在閱讀這本書，可能也不比柏洛茲好到哪裡。你可能有一個嚴重的問題：有很大的癮頭。你已經被賣給了一個產品，你的背上也有一隻猴子，而那隻猴子是紙做的（但別害怕，你並不孤單，我也在這裡，穿著一雙又破又髒的棕色靴子，大約是十年前我姊姊送我的，兩隻靴子鞋底都從中間裂開，我曾用強力膠補過。我還有其他兩雙鞋，也都破了，但破損狀況太嚴重，不是我能自行修補的，需要專業技術人員的呵護，因此目前正在那家標榜「好穿的鞋就值得好好修補」的專業修鞋店中等著我去領取，那是一家非常好的鞋店，就在貝爾法斯特植物園大道的出口。我的襯衫，包括現在身上穿的這件，都是幾年前一位朋友的父親慷慨送的，他當時退休了，決定扔掉所有舊的工作服裝，買一些休閒服。所有襯衫的材質都是可吊掛風乾的阿拉貢尼龍，但不知道什麼原因，現在市面上都找不到了；穿這種材質的衣服會引發皮膚疹，但過一段時間就會習慣，而且想到不用燙襯衫，這些輕微的皮膚症狀實在算不了什麼。我的褲子是目前我少數耐穿的衣物，而且狀況維持得還不錯，儘管上面沾到一些綠色油漆，那是幾年前的夏天在花園漆棚架時沾到的。我的外套大約是一九九〇年買的。而現在我正站在植物園大道另一端的二手書店，就在下班回家的路上，我手上抱著六、七本書，我知道若是我把剩下的二十鎊都砸在這些書上，那就沒錢去鞋店領鞋，必須再過一個星期才能去領；但它們已經修好一個月了，老闆開始在我的電話答錄機中留言。我必須做決定。我買下了書。顯然在未來這幾天，我的穿著會繼續像個雜耍喜劇演員，或是貝克特戲裡的一個角色。

根據我那一共有二十冊的第二版《牛津英語詞典》（這是我收到第一部小說的預付版稅時買給自己的禮物，花光了所有的預付版稅；就效益來說，我寫一本書的稿費剛好夠買另一本書），「藏書癖」（bibliomania）這個詞首次出現在一七三四年《托馬斯・赫恩的日記》（*Diary of Thomas Hearne*）中，身兼圖書目錄學家、圖書文物家和英國牛津大學博德利圖書館（Bodleian）的書籍維護助理員曾經寫道：「我早該想到要存下大筆的錢，而不是沾染藏書癖的自己。」接著是在一七五〇年切斯特菲爾德勳爵（Lord Chesterfield）警告他兒子的信中寫道：「慎防藏書癖。」不過一直要到一八〇九年，這個詞才因為佛羅格納爾・迪布丁（Thomas Frognall Dibdin）牧師出版他的著作《藏書癖或書狂症：關於此致命疾病的一些歷史、症狀以及治療方法》（*Bibliomania, or Book-madness; containing some account of the history, symptoms, and cure of this fatal disease*）後才開始流行起來。在迪布丁奔放又兼具醫學書寫風格的狂想曲中，生動地描述出藏書癖的症狀：渴望得到初版書、完整無缺的書、具有插圖的書，以及「哥德式黑體字的一般願望」。在迪布丁的診斷中，書狂症是一種以紙為病媒的傳染病。

## 紙本書的誕生

當然在紙出現之前就已經有書了。每個小學生都知道，在幾千年之前「書」可能是一片泥板或是一卷莎草紙，而且一直要到一四五〇年左右，當古騰堡發明活版印刷，促成巨大的技術躍進，才讓書的三個關鍵元素組合在一起：墨水、字體和紙張，形成現今我們所謂的書，並主導書的世界。霍華（Nicole Howard）在《書：一項技術的生活史》（*The Book: The Life Story of a Technology*, 2005）介紹了紙張在古騰堡印刷過程中的作用：

準備好要接一份新工作時，印刷工人會向倉庫訂購所需的紙量，這些紙一堆堆地送來，每堆有兩百五十張紙。在印刷的前一天晚上，工人會將印刷用紙打濕，然後堆疊起來，紙堆本身的重量會壓擠掉大部分水分，隔天紙就會處於微濕狀態。紙張纖維濕潤時，吸收墨汁的效果會比全乾時來得好。

將紙張從紙堆中一一取出，放在壓紙格上。接著將固定架擺放好，覆蓋整張紙的邊緣，然後將整組滑動到台板下。當壓製工來回轉動螺桿，塗滿墨汁的特殊皮革樣版便會將圖像轉印到紙張上。等到影像壓製完成後，便將紙張從印刷機中取出，掛在店內的桿子上。

然後，「變！變！變！」歡迎來到現代世界。長久以來，歷史學家就認為上述這種方法所製造出來的書推動了科學革命、新教改革、法國舊體制的崩毀、資本主義的興起、共產主義的垮台，以及在這些重大事件間發生的一切。正如我們所知，書本會傳播思想、煽動和醞釀強烈的感情、決定政府的興衰、提供一個脫逃的出口，或是啟發人心，並鼓勵各種愛恨貪嗔痴，或是自愛與自助的情感。基本上，書本創造歷史，而我們是歷史的產物。還有一點，別忘了，書也是紙做的。

事實上，從古騰堡的時代以來，我們便認定書和紙的關係密不可分，幾乎無法將書和紙切割開來，它們之間的關係長久，就像是一對擁有完美婚姻的夫婦。即便是到了今天，在經過一九八〇年代末期、和九〇年代與數位世界變化萬千的超文本有過一段短暫的調情後，模仿紙本書的電子書和其他相關閱讀設備越來越多，而且幾乎反映在各種層面，不論是形狀、大小、手感還是功能。先知和反對新技術的人士堅稱電子書和紙本書之間具有令人震驚的差異，會改變人心、背離典範；但事實上，它們之間的相似度高得驚人。現在電子圖書閱讀器僅差一個實際上聞起來像紙的功能，若能做到這一點，新型書對舊書的模擬便算是大功告成，正如Kindle的廣告詞「我無法相信它不是紙」一樣。紙書，不過是一種傳遞訊息的機制，因為變得和它們所傳達的訊息太過密切，讓人難以相信其他東西會是一本真的書。一位年輕的小說家最近告訴我，她對她的電子書經紀人不甚滿意，因為「這和實體書的交易不一樣」（不一樣的地方在於，除了微薄的預付款外，還有可笑的版稅、幾乎不存在的行銷及分銷，以及得大方支付給經紀人一五％的酬勞。難怪有那麼多想一展長才的作家一窩蜂地找Kindle直接出版，而不是透過經紀人代理出版電子書）。

由於紙本書看起來讓人覺得當中包含知識，我們很自然地開始相信，擁有書就是擁有當中的知識。愛爾蘭小說家奧布萊恩（Flann O'Brien）在他睿智而詼諧的短文中，曾對專業圖書員的服務範圍作了以下的發想：「奢華服務：每本書都會遭到粗蠻地傷害，袖珍書的書背處都會特別磨損過，讓人覺得好像是長久以來都隨身置於口袋裡；每本書都在書緣插入一段話，並在其下以紅筆畫線，還標記上驚嘆號或問號；然後再插入一份舊日的都柏林大門劇院（Gate Theatre）節目單，當作是一張被遺忘的書籤。」這段文字有趣的地方在於它其實是真的，也沒有比書中世界和對書的占有欲更能展現出我們虛榮病的症狀，再也沒有比書更能彰顯紙的權力和威望的地方了。我們就像是相信護身符具有神奇力量的古代人：書成了我們居家環境中的小小神像。文學史家凱里（James Carey）語出驚人地指出：「書是中古時代文化累積出來的高峰」，同時是「延續中世紀文化的載體，而不是破壞其中的連續性」。若真是如此，那我們依舊生活在中古時代。

## 對紙書的認同感

當然，我這樣說可能稍嫌誇大。畢竟和其他人相比，作家對紙可能更為崇敬，就像是在霍普（Bob Hope）和克羅斯比（Bing Crosby）主演的《往摩洛哥的路上》（*Road to Morocco*）電影中，絕望地踏上無止盡的道路。年幼時，作家就熟知許多書籍的精美特徵和獨特風格，從各種極具吸引力的封面，到所有暗示我們闔上書的書角；因為這份熟悉感太強烈，我們之中的多數人都對書產生強烈的認同感，甚至比我們對人類的認同感還要強：

> 我的骨頭是由皮革和紙板做成的，我羊皮紙般的血肉散發著膠水和蘑菇的氣味……手將我拿下來、翻開，然後攤開在桌上，將我撫平，有時還會讓我吱吱作響……沒有人能忘記我，或是忽略我——我受到極大的崇信，既是順從的，也是可怕的。
>
> ——沙特，《文字》（*Les Mots*, 1963）

老早就享有盛名的沙特儼然就是一名受崇拜的偶像，但多數的作家並不願意擔負這場偉大崇拜儀式中大祭司和圖騰的角色。

以莫里斯（William Morris）[①]來說，他撰寫的五十三本書都是在他「印刷排版界的小冒險」，也就是他自行成立的柯姆史考特（Kelmscott）出版社發行的，而且向來都是印在同一種紙上，這種紙是由阿什福德附近肯特郡的巴徹勒家族所製。一八九〇年十月二十二日，莫里斯第一次去拜訪巴徹勒父子時，他帶了一本斐婁洪提留斯（Antonius Florentinus）的《意識的鏡子》（*Specchio di coscienja*）當作樣本，這是一本十五世紀義大利製的古書，好向他們展示這就是他想用的紙。一如以往，莫里斯非常清楚自己想要的是什麼，不管是書的用紙，還是其他所有事情。「想當然爾，我認為有必要採用手工製作的紙，這既耐久又美觀。犧牲紙質而遷就價錢是虛假的節約，所以我唯一想到的就是那種手工紙。」（節錄自「成立柯姆史考特出版社之註記」）。虛假的節約是莫里斯眼中的怪物，一八八四年當他在倫敦對一群工人階級演講時，他宣稱：「想要用文字來表達我們對這個時代備受稱讚的廉價生產的鄙視，根本是在浪費時間。我有足夠的把握可以說，奠基在開拓體制的現代製造業，就是需要這樣的廉價。」學者估計，巴徹勒父子製造的紙張使莫里斯的出書成本大幅增加，約是類似品質機器製紙的五、六倍，這自然也轉嫁到他的讀

① 譯註：莫里斯是推動英國藝術與工藝美術運動的領導人之一，同時也是知名的家具、壁紙和布料圖案花紋的設計師兼畫家。他還兼具小說家和詩人的身分，並且大力推動英國社會主義運動。

者身上，讓一般工人階級買不起莫里斯的書。但這些都不是重點，這裡的關鍵是這些書不僅只是印在紙上，它們是紙組成的。

## 如何解決藏書存儲的問題

書本日漸成為珍貴物品以及知識的倉儲，帶有貨幣和道德價值，因此我們益發覺得有義務要保護、儲藏和保存它們。精通各種精彩絕倫書籍的土木工程系教授佩特羅斯基（Henry Petroski），在他那本也是精彩絕倫的《書架上的書》（*The Book on the Bookshelf*, 1999）中，完整記載書籍存儲的悠久歷史，從橫向放置到垂直堆疊，從加鎖書到無鎖書，從向內彎的書脊到向外彎的，並且顯示出人類的設計功力，在為這些堆積如山的紙張規畫儲存系統時極具創造力和靈活度。而在這一點上，沒有人比得過格萊斯頓（William Ewart Gladstone）。

四度擔任英國首相的格萊斯頓也算是有藏書癖，據說他曾經將書商的存貨一次買盡，一八九〇年時他寫了一篇文章〈論書與其存儲〉（On Books and the Housing of Them），在文中他表示這完全解決了藏書者長久以來的問題。格萊斯頓抱持著他處理愛爾蘭問題與拯救墮落女性同樣的熱情，來解決藏書問題。他寫道：「讓我們假設一間長約八米半、寬為三米、高是二米七的房間，當中有條寬一米二的縱向走道，將房間一分為二，這條走道直通到窗口或玻璃門，走道兩端超出牆線約三、四十厘米。在房中放入二十四組軌道，在軌道上裝置五十六個書櫃，每櫃之間有通道間隔，高度直達天花板，寬約九十公分，深約三十公分，彼此之間相隔五公分，其上裝有小輪、帶輪或滾輪，如此便能沿著軌道運行。」按照格萊斯頓的說法，若是在大型交誼廳這般大小的房間採用這套系統，可讓業餘藏書者收納將近兩萬五千本書。不幸的是，這樣一來就擺不下你的沙發、咖啡桌、燈、寬螢幕電視和擺飾，甚至連容身之處都沒有。（基於日常生活的實用考量，佩特羅斯基在他那本《書架上的書》建議，自行搭建居家書架者，只須記住讓書架再短或是再深一點，以防止工程師所謂的「歪斜」現象，就是我們這些外行人常說的下垂或下陷。）

在解決個人藏書的儲放問題後，接下來是機構藏書的解決方案，就是那些收藏折疊文件、紙卷或抄本的偉大博物館和陵墓，後來成了我們今日所謂的圖書館。從亞述人、法老王到早期的神父、穆斯林學者和有億萬家產的慈善家，這些人當中的富有統治者、貴族、教會、政府和其他種種機構和組織，幾千年來一直在建造這些藏書的宮殿。（更早之前則是眾神的傳說：梵天的圖書館是吠陀；奧丁有一個裝知識的罐子；在猶太傳統中，神有一本生命之書，一本宛如一整座書庫的書，他會在猶太新年時打開，記錄那些可以進天堂的人名。）一旦開始儲存這些珍貴文件，這些個人和機構就會發展出一套分類方式，以便區分和研究這些書，也會開發出保存書籍的技術，以便世代傳承這份不斷增長的集體記憶史料。

甚至有人認為這樣非同尋常、永無止境的生產、收集和儲藏印刷紙的整個過程，已經到了近乎瘋狂、狂熱的地步，就像是在十八世紀橫掃德國的閱讀狂潮（die Lesewut）。這肯定是經常以一種宗教和道德熱情的精神來進行。大多數民眾在年輕時都知道美國鋼鐵大亨卡內基（Andrew Carnegie）慷慨出資興建了卡內基圖書館，設計師將這座圖書館打造成一座知識殿堂，好似一座高貴的教堂，設計出圖書館內神聖的三位一體配備：成人圖書館、閱覽室和兒童圖書館。而在這座圖書館中，僅有宛若祭司身分的館員，才有權利使用圖書代碼和目錄。近年來圖書館陸續出現巨大的變化，增加了新興的數位化資源和服務，來補充傳統的舊資源和服務，書卡目錄都已撕毀或報銷，突然之間每個地方都可進行查閱；但有一項重要的「圖書館特性」（libraryness）並沒有改變，這裡依舊是用來存儲的地方。圖書的出版量與日俱增，多到無法估算出正確的出版數字：有人說是每秒三十本，有人說是一天四千本，還有人說是每年一百萬本，而且不知怎麼回事，不管是實體書，還是微縮膠片複印本，或數位掃描等異地存儲，我們仍然必須跟上或漂浮在這股龐大的紙的洪流中。即使是在一九九〇年代以新的高科技重整的哈姆雷特塔倫敦自治市圖書館，在盛大開放後也無法擺脫囤積紙張的基礎特色，市民依舊稱它為「點子庫」（Ideas Stores）。

## 焚燒書籍

當然還有一個顯而易見的辦法可以處理藏書問題，一舉解決紙量大增以及存放想法的地點和方式的麻煩。我們只要擺脫這一切，將它們一掃而空就好了。書其實很容易毀壞——有趣的是，作家也屬於熱衷毀壞書本的一群人：霍普金斯（Gerard Manley Hopkins）、卡夫卡和佛洛伊德都曾焚毀自己的作品，而卡內提（Elias Canetti）則在一九三五年的小說《異端判刑》（*Auto da Fe*）中指使他書中的主人翁基恩來毀壞自己的著作。焚書的習慣或習俗由來已久，可以追溯到異教古代——傳說在西元前五世紀時，古希臘哲學家普羅泰戈拉（Protagoras）的作品曾遭到公開燒毀②——不過在當代世人的記憶中，最著名的焚書事件可能要屬發生在一九三三年五月十日的那一起，以此作為「猶太人問題的最終解決方案」的暖場。

納粹的焚書計畫並不是由納粹組織策畫的，而是普通的德國學生組織，在焚書時還有館員協助——當然，他們別無選擇。在焚書的幾週前，規定燒毀的書單已刊登在報紙上，收書的地點也公告了。納粹德國時期的國民教育與宣傳部部長戈培爾（Paul Joseph Goebbels）同意在柏林發表談話。然後，在那個命運之夜，點燃篝火，從法蘭克福延燒到慕尼黑、波恩、科隆、德勒斯登、漢堡、漢諾威和海德堡。讚頌之歌與演講之聲不絕於耳，天堂打開了（就像是在教堂中的祭祀，不過弗賴堡的儀式因為天氣惡劣而取消）。燒毀的書籍包括佛洛伊德、卡夫卡、馬克思、海涅、列寧、托馬斯・曼和褚威格——這份書

②譯註：普羅泰戈拉主張「人是萬物的尺度：是存在者存在的尺度，也是不存在者不存在的尺度」，是不可知論的支持者。他的言論惹怒了雅典人，因而遭到驅逐，並在市場上焚毀他著作的抄本。

單讓人印象深刻，事實上，會讓人產生一種希望自己的藏書也一起燒毀的衝動。流亡詩人布萊希特（Bertolt Brech）為此寫了一首詩〈焚書〉（Die Bucherverbrennung），並在詩中表達希望他的作品也一起參與這件盛事的心願：「燃燒我吧！」（Verbrennt mich !）

這當然是一大問題。書和其作者的關係密切，當中的書頁猶如其皮膚——焚書和直接燒毀一個人，之間只有短短的一步之差。海涅的悲劇《阿爾曼首爾》（*Almansor*, 1820—22）場景設定在十五世紀末的西班牙，劇中一位人物對當眾燒毀《古蘭經》表達厭惡之意：「那只是前奏而已，焚書的地方，到頭來也會燒人。」海涅是正確的，不論是在他的時代之前還是之後。西元前兩百年孔子的《論語》遭到焚毀，他的數百名弟子被活埋。馬丁路德的肖像連同他的書一起被燒毀。魯西迪（Salman Rushdie）[3]則僥倖逃過一劫。在布萊伯利（Ray Bradbury）的反烏托邦小說《華氏451度》（*Fahrenheit 451*, 1953）中，消防員蒙塔格的工作就是焚書，希望在燒毀書的同時，也剷除掉當中所包含的觀點。（在莎士比亞的《暴風雨》中，當卡利班密謀翻推普洛斯彼羅時，他勸告他的同謀：「記住，先要把他的書拿到手，因為他一旦失去了那些書，就是一個跟我差不多的大傻瓜，也沒有一個精靈會聽從他指揮：這些精靈都跟我一樣，對他恨之入骨。只要把他的書燒了。」）當然，這一切都造成反效果：焚書時的火焰更能助長思想的激發。諷刺的是，只有在燒書時，我們才注意到重要的並不是書籍本身。

書不等同於用來印刷的紙。紙張誠可貴，書本價更高。

③譯註：魯西迪是出生於孟買的英國人，一九八九年他的《撒旦詩篇》（或譯為《魔鬼詩篇》，*The Satanic Verses*）因為抨擊伊斯蘭教，遭伊朗精神領袖霍梅尼下達追殺令。英國在與伊朗交涉失敗後，宣布與伊朗斷決外交關係。一九九八年兩國恢復外交，復交前提便是英國「既不支持也不阻止伊朗政府對魯西迪的刺殺」。

# 5

# 裝飾地獄門：鈔票

有必要對鈔票進行一番描述性分析。這樣一本書勢必極盡諷刺之能事，只能以客觀陳述來平衡。再也沒有比紙鈔更能讓資本主義天真爛漫地展現出本身的莊嚴價值。在鈔票的貨幣單位之前，印有與數字嬉戲的純真小愛神、手持法典的女神，以及收劍入鞘的偉岸英雄，它們組成了自成一格的世界：地獄門的裝飾。

——班雅明（Walter Benjamin），
〈單行道〉（*One-Way Street,* 1928）

▲底紋：自黏郵票之齒孔。

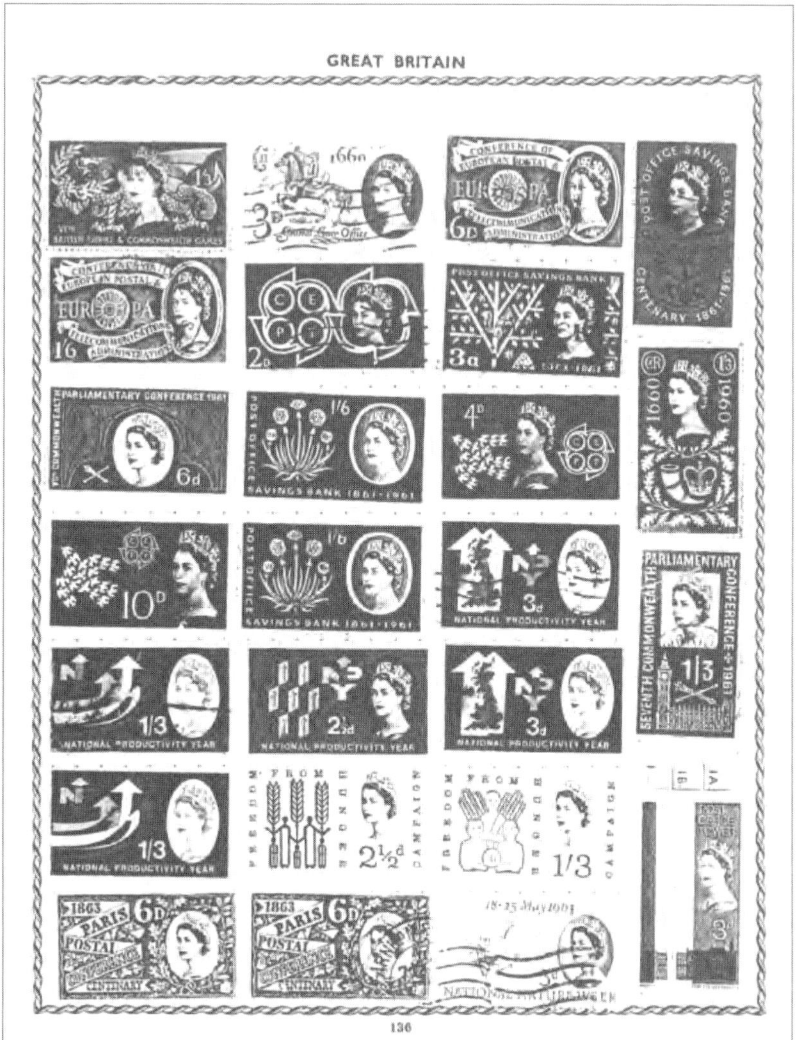
GREAT BRITAIN
CONFERENCE OF EUROPEAN POSTAL & TELECOMMUNICATIONS ADMINISTRATIONS
POST OFFICE SAVINGS BANK
CENTENARY 1861-1961
PARLIAMENTARY CONFERENCE 1961
SAVINGS BANK 1861-1961
NATIONAL PRODUCTIVITY YEAR
SEVENTH COMMONWEALTH PARLIAMENTARY CONFERENCE 1961
FREEDOM FROM HUNGER CAMPAIGN
1863 PARIS POSTAL CONFERENCE CENTINARY
18-25 May 1963
136

英國紙鈔。

## 經濟奠基於紙上

這台機器是由兩名女性操作，一位負責裝填，另一位則是取出。動力來自一台小馬達，具有一個大約一公尺寬、一點二公尺深與三公尺長的槽，分成兩個隔間，第一格裝滿洗衣皂和漂白劑，第二格則是用來沖洗的清水。兩槽分別裝有黃銅輥，中間則有機械化的運輸帶在運行，會通過一個燃氣加熱的鐵輥。這台巧妙的機器是在一九一一年設計並建造的，於一九一二年首次安裝在美國財政部，這是一台名符其實的洗錢機。

用錢的麻煩，除了顯而易見的骯髒外——不僅有汙損的鈔票，還有來路不明的「贓款」——另一個問題是總會朝向供不應求的局面發展，這意味著要是印鈔和發送的速度不夠快，有時只好沖洗一番湊合著用。錢可以有很多種形式，舉凡貝殼、菸草、獸爪、金幣、銀幣、貝殼串珠等。這類型的商品貨幣有個問題，它們的數量相對稀少，假如你是一國政府，當要應付戰爭或經濟熱潮時，不可能隨便就變出貝殼串珠：你得去海灘收集貝殼，再將它們串成珠，才能交換武器，或是刺激經濟大幅成長；還有一種鮮為人知的「紙箱指數」（Cardboard Box Index），是投資者用來衡量消費品的生產量和消耗量的水平。但是你可以迅速地印出很多紙，而且成本低廉，或者至少可以快洗之後再行上市；只要一紙命令，就可以印製紙鈔。因此，總結來說，現代經濟和現代經濟學基本上都是建立在紙面上，詳情可參見熊彼得（Joseph Schumpeter）堪稱經典的《經濟分析史》（*History of Economic Analysis*, 1954）、加爾布雷思（J.K. Galbraith）的《金錢的來處與去處》（*Money:*

*Whence it Came, Where it Went*, 1975）也是佳作，緊接在後的則是弗格森（Niall Ferguson）的《貨幣崛起：金融資本如何改變世界歷史及其未來之路》（*The Ascent of Money*, 2008），當中剖析種種細節，一分一毫都沒有遺漏。

後現代經濟體依舊奠基在紙上，不然至少是電子貨幣這種基本上用不到紙的紙鈔。在小布希和歐巴馬總統任內擔任美國聯邦準備委員會主席的普林斯頓經濟學教授伯南克（Ben Bernanke）說過：「美國政府有一種技術，稱之為印刷（或者是今日相對等的電子技術），基本上可以在無成本的情況下印製美元，想印多少就印多少……在這樣的紙鈔系統下，我們認為一個堅定的政府總是能創造更高

十九世紀的股票及證書。

的支出，也就是正向的通貨膨脹。」所以，一切都將相安無事，除非印鈔機故障或是超速。紙做的鈔票生產成本低，易於保存、攜帶和兌換，還能替換和重製，甚至能夠拿來摺紙、做出動物模型，但最終卻成了自己的頭號敵人。

## 啟用紙幣

最早開始使用紙幣的是中國人，早在西元九世紀明憲宗的時代，中國當時銅礦短缺，無法製作流通的銅幣；一如以往，需求是發明之母，紙幣就此應運而生。到十五世紀時，中國人發現，印製的鈔票越多，價值就越低，因此放棄使用紙幣，然而那時已經造成了相當大的損害。紙幣的非凡力量也透過文字流傳出去：現金的祕密真相大白。十三世紀時馬可波羅在他著名的遊記中，描述了在忽必烈統治下的帝國，如何將紙變成錢的過程：

> 準備用錢時，他會將錢裁切成不同大小近似方形的紙塊，長度略大於寬度。在這些紙塊當中，最小的可兌換半個法國圖爾城鑄造的硬幣……再大一點的幣值是一個威尼斯銀幣，其他還有二、五和十銀幣的幣值，另外還可兌換從一至十個金幣的。這種紙幣的製造過程要經過許多授權的形式和儀式，彷彿它們就是真正的黃金或白銀；在每張紙幣上，那些特別委任的印鈔官，不僅要登錄其姓名，還要蓋章用印。一般這個過程是定期由整組人進行，由皇帝聘用的主官，會將王室委託他保管的印章浸入朱紅印泥，然後蓋在一張紙上，如此沾有朱紅印泥的印鑑

便會將其形象牢牢留在紙上。透過這種方式，這張紙便成為流通的錢……

現行的印鈔儀式當然更為複雜、先進，也更加機械化，紙鈔上面有浮水印、金屬線、反射箔和塗層，但在本質上，忽必烈的紙幣和我們所用的並無二致。英國浪漫主義文學家柯爾律治（Samuel Taylor Coleridge）的著名詩篇〈忽必烈汗〉（Kubla Khan），靈感就是來自於一本引用馬可波羅文字的書，在詩的結尾，他提出警告：

他們全都會喊叫：當心！當心！
他閃爍的眼睛，飄揚的毛髮！
編織成一個圓圈，把他圍住三道，
閉上你的雙眼，帶著神聖的恐懼，
因為他是以蜜露餵養的，
一直飲著天堂的瓊漿仙乳。

銀行家也許該多讀點詩。

歐洲最早的紙幣出現在十七世紀的瑞典，不過卻是由一名蘇格蘭人約翰洛（John Law）製作的，他是個賭徒和殺人犯，但同時也是位數學天才；不論人品好壞，他對紙幣的想法和實驗影響到西方金融世界的未來。約翰洛聲稱：「我發現了賢者之石的祕密——能夠將紙變成黃金。」（傳統上，將紙變成黃金是作家的工作，或至少是他們努力想要做到的事，正如山繆・強生[1]的格言：「除了傻瓜，沒有人不為錢而寫作。」這並沒有什麼不妥的地方，問題在於作家通常還會反其道而行，將黃金又變成紙。文學史上充斥著將自己塑造成大師的作家，這不足為奇，妙的是還有些將自己化身為理財顧問，這當中最有名的也許是美國詩人暨反猶太主義者龐德〔Ezra Pound〕。一位傳記作家表示，龐德只對「荷馬、但丁和莎士比亞……這些文學史中的要角保有興趣……他說服自己相信這些人是真正的詩人經濟學家」。龐德對於所謂的「代價券」〔scrip〕特別有興趣，這泛指任何不是法定貨幣的交換券，比如說午餐券或是保姆合作型優惠券等。雖然他對經濟學的多數想法和其他大多數的事情完全是胡說八道，但代價券的觀念確實相當有趣，甚至吸引諾貝爾獎得主經濟學家克魯格曼〔Paul Krugman〕的注意，他也經常拿代價券當例子，說明他對經濟蕭條和政府干預的想法。而文學史本身可以說是一套龐大的系統，當中有代價券、欠條、禮券和地方性的貨幣，任何方式都行。）

約翰洛在他的《金錢和貿易提案：供給國家金錢之建議》（*Money and Trade Consider'd*

①譯註：山繆・強生（Samuel Johnson，1709—1784），是英國文學史上的大家，集文評家、詩人，散文家、傳記家於一身。

*with a Proposal for Supplying the Nation with Money*, 1705）中提出，國家應設置具有發鈔權力的中央銀行，這「比銀幣更適合當作通行的錢」，因為和其他物品相比，紙幣「更易於交付」和「容易保存」，這樣一來，他表示：「人人都有工作，國家興旺強盛，也能促進國內外貿易，使得民富國強」。約翰洛最終是在法國實踐他的理論，在那裡，經過多年的奔走和運作，他被任命為財務總長——是在以開徵各種名目稅收而出名的「剪影大人」西威特（Etienne de Silhouette）的前幾年擔任此職務。約翰洛在一七一六年設立第一家私人的通用銀行（Banque Générale），到一七一八年則轉型成皇家銀行（Banque Royale），算是法國的第一家中央銀行。他採行激進的貨幣擴張政策，狂印鈔票和股票，好像沒有明天一樣。但明天總是存在的，皇家銀行迅速發展，在一七二〇年不可避免地崩壞。歷史學家弗格森（Niall Ferguson）表示：「約翰洛不僅造成第一次資產價格真正的景氣循環，也可以說他間接促成法國大革命，因為他那時大力鼓吹君主舊制紙鈔是改革財政的最好機會。」

## 紙幣的利與弊

紙幣革命的後果，以及它所導致的另一場革命，至今仍餘波盪漾，持續影響著今日的我們，就算說近代史是一部金融史也不為過：我們這個時代的真正紀錄不在書本中，而是在鈔票、股份、股票、權證、本票和匯票上。歷史學家熊彼得認為，正是在十八世紀，世人才真正發現資本主義的效益，或者至少是「有意識地分析其自身」，而這種意識覺醒，也是透過紙完成的。貿易、勞動工資、資本積累——資本主義的每個重要層面都是由紙啟動與維持的，而資本主義則是以推動和延續國家的運作作為回報。美國史密森研究所（Smithsonian Institution）全國錢幣收藏館的館長多提（Richard Doty），在他的著作《美國錢——美國故事》（*America's Money: America's Story*, 1998）中聲稱，美鈔是美國達到今日超級強國的燃料和基礎：「要是沒有紙，本書談論的將是一個積弱小國的貨幣史。」在十七和十八世紀之交，其他積弱小國紛紛轉換幣制為紙幣，當然包括英國在內，在一六九四年成立的英國銀行就是以發行票據給存戶來管理和融資政府債務為目的。英國和美國踏出第一步後，其他國家緊跟在後。一九三〇年代，終於放棄以黃金當作價值標準的金本位，這意味著紙幣的流通量不再受限於金價。紙幣獲得了勝利，它自由了。

但枷鎖的束縛卻也無所不在。正是因為看到紙幣的實用性和普及度，不知道有多少作家、思想家和評論家都表達關切，持續發言反對紙幣的概念。例如起草《美國獨立宣言》的傑佛遜，學識淵博的他，在一篇名為〈造幣筆記〉（Notes on Coinage, 1784）的文章中提出一套以一美元為單位但具有小數的貨幣系統，美國國會後來通過這套貨幣制度，至今仍在美國使用。傑佛遜認為，紙幣和硬幣與良好的硬質金屬不同，會讓經濟不穩定，他在文中提到英國的鈔票只是一種「錢的鬼魂，而不是金錢本身」。他反對美國成立國家銀行，但在一七九一年美國還是成立了第一銀行，不過該銀行的營運許可只到一八一一年，傑佛遜對此感到欣慰。在一八一四年的銀行危機後，他寫道：「上帝似乎確實給予我們特殊的豁免，在不費力的情況下，瓦解了最可怕的敵人。基於我國公民的利益，不論風險有多高，我們早該要求自己放下那張最可怕的紙敵人。這項工作終於完成。」這項工作其實沒有完成，與英國之間的戰爭結束後，這個新興國家背負大量債務，所以在一八一七年成立了美國第二銀行。這次，傑佛遜同樣不為所動。在經過一八一九年的金融危機後，他欣喜若狂地表示，「紙幣泡沫……破了。」實際上紙幣泡沫並沒有破滅。它從來沒有破滅過，它總是不斷地形成泡沫。

從古代中國開始推動增加收入的試驗以來，由紙幣驅動的泡沫化和景氣循環，可說是金融史的一大特點。過程大致是這樣的：政府和統治者發現他們需要更多的錢，所以就按下印鈔機的按鈕，或採行相當的途徑，來增加貨幣供應量，隨之而來的當然是通貨膨脹、經濟危機以及文人志士的撻伐。詩人波普（Alexander Pope）在《給巴瑟斯特的書信》（*Epistle to Bathurst*, 1733）中，痛罵「紙信用」（paper-credit）是「借給腐敗一雙高飛的翅膀」。哲學家和歷史學家休姆（David Hume）在他的《政治論》（*Political Discourses*, 1752）中，將紙幣描述為「假錢」，「外國人是不會接受這種付款方式的，而且國內一旦發生出現大規模的動盪，將會讓紙幣變得一文不值。」維多利亞時代的知名評論家、諷刺作家和歷史學家卡萊爾（Thomas Carlyle）在《法國大革命：一段歷史》（*The French Revolution: A History*, 1837）中對十八世紀法國的「紙時代」感到絕望，他表示，當時法國充斥著「銀行發行的紙鈔，即便在沒有黃金時，你還是可以買東西」，以及「書頁上輝煌的理論、哲學與情感……不僅揭示了思想，而且還……藏匿欲望的念頭！」再來是馬克思，在他早期的經濟和哲學手稿中——他正瘋狂地忙著釐清異化和勞動工作等諸如此類的想法，當然都是寫在紙上——在他那典型令人眼花撩亂的段落中，馬克思將錢寫成是「造成普世混亂、萬物易位的一個顛倒世界，所有的自然和人文素質都陷入混亂中」。馬克思認為錢「將真正的人類和自然體系轉換成純粹的抽象表述，是充滿缺陷和折磨的空想。」

最讓批評者擔心的似乎就是紙幣造成的空想層面。相較之下，黃金和白銀算得上是「模範金屬」，英國當代最偉大的詩人希爾（Geoffrey Hill），在他的《麥西亞讚美詩》（*Mercian Hymns*, 1971）詩句中主張紙幣是輕浮而沒有實質內容的，就像是個幽靈或精靈（詩人波普也以詩文警告：一片葉子應當飄蕩過軍隊，或是從參議院航向遙遠的海岸；一片葉子，就像女巫的，來來回回地散開，如我們隨風而逝的命運和財富，掠過成千上萬看不見的廢紙，在這一片沉默中，出賣一名國王，或是買下一位王后。）

## 努力博取信任的紙鈔

英文中的credit（信用、信任）這個字想必是來自於拉丁文的credere，意思是「相信」。就算不是詩人、哲學家或是人類學家，也可以明白錢必須獲得我們的信任才能正常運作，不過人類學家道格拉斯（Mary Douglas）在她的著作《純淨與危險》（*Purity and Danger*, 1966）中，具體而微地幫助我們看出錢究竟是怎樣的一套信仰體系，以及它「極端

FEDERAL RESERVE NOTE
THE UNITED STATES OF AMERICA
THIS NOTE IS LEGAL TENDER
FOR ALL DEBTS, PUBLIC AND PRIVATE
B 10774942 G
WASHINGTON, D.C.
ONE DOLLAR
THE UNITED STATES OF AMERICA
IN GOD WE TRUST
ONE
ANNUIT COEPTIS
ONE DOLLAR

一美元紙鈔。

儀式化的特殊形式」。（小說家賽爾夫〔Will Self〕對道格拉斯的分析稱讚不已，甚至建議發行一種稱為「道格拉斯幣」的新紙鈔，這種紙鈔賦予擁有者參與「一些未指定類型儀式的權利」。）要是對紙幣儀式的信心蕩然無存，那麼它就變成廢紙一張。為了讓它擔負儀式性的角色，紙幣只好披上各種神祕的外衣和天書般的密碼：序號、驗證簽名、卷軸、封印和圖像，文化理論家班雅明（Walter Benjamin, 1892—1940）認為紙鈔上的這些小愛神和女神是在**裝飾地獄門**。而再也沒有比一元美鈔更貼切的例子了，上面印有一大符號和圖像，不僅包括簽名、封印和流水號，還有一幀鑲了框的華盛頓肖像、一座頂端長著眼睛的金字塔、一隻禿鷹、一組星星、一把橄欖枝以及許多宣告其價值的標示：除了八個阿拉伯數字1，還有六個英文字ONE（一），以及兩個ONE DOLLAR（一美元）。彷彿嫌這些圖像和符號還不夠多，美元鈔票上還加上了以花環圍繞的英文短語：THIS NOTE IS LEGAL TENDER FOR ALL DEBTS, PUBLIC AND PRIVATE、IN GOD WE TRUST與THE UNITED STATES OF AMERICA（中文意為「此票據為可用來償還公共或私人債務的法定貨幣」、「我們信任上帝」以及「美利堅合眾國」）和拉丁文：E PLURIBUS UNUM、ANNUIT COEPTIS與NOVUS ORDO SECLORUM（中文意為「合眾為一」、「天佑吾人基業」以及「世界新秩序」）。可以理解為何世人會覺得這張鈔票是如此誘人和令人著迷：它就是設計來誘惑和吸引人的。在丹・布朗的《天使與魔鬼》（*Angels and Demons*, 2000）中，威特拉詢問哈佛大學那位博學多聞的符號學家蘭登：「羅伯，你應該不介意我問你是怎麼和光明會牽扯在一起的吧？」他答道：「其實，是因為錢。」他伸手到褲子口袋裡掏出一些錢，找到一張一美元的鈔票。「在我第一次發現鈔票上竟然印有光明會的符號時，我就迷上了這個教派」。

精心製作的紙鈔大舉獲得成功，順利取得我們的信任，因此有時須花費一番功夫才能提醒自己，紙幣只是煞費苦心的虛構物。德拉蒙德（Bill Drummond）和寇提（Jimmy Cauty）曾在一九九一年發行一首風行全球的單曲〈Justified & Ancient〉（全名為The Justified Ancients of Mu Mu，簡稱 The JAMs），請來美國知名鄉村歌手溫妮特（Tammy Wynette）擔任主唱，爾後兩人離開唱片界轉向藝術界發展，組成「K基金會」，一九九四年在汝拉島上一間船塢內燒掉總值一百萬英鎊的一疊疊五十英鎊新鈔，世人對他們這個舉動的反應，都記錄在《K基金會燒了一百萬》（*K Foundation Burn a Million Quid*, 1997）這本書中，當中最常見的反應不是震驚，而是不相信：「你真的將你的信譽與此一起燒毀？」、「這就像是在世人面前燃燒他們的夢想。」德拉蒙德和寇提似乎一直在為他們過去打造的企業與努力尋求解釋和彌補，試圖從紙醉金迷的這場噩夢中清醒。

## 偽造紙鈔

若是說在作家、哲學家和昔日流行歌手眼中，紙鈔令人困擾難安，在其他人眼中，卻看到大好機會。比方說，在一八六一年初，英國有兩位奉行機會主義的騙徒剛從監獄裡釋放出來：威廉・伯內特（William Burnett）——他還有其他的化名：哈洛德・特里梅因（Harold Tremayne）、比爾・戴（Bill Day）和比爾・傑克遜（Bill Jackson），偕同他的情婦艾倫・米爾絲（Ellen Mills）——她有更多的化名：露比・特里梅因（Ruby Tremayne）、艾倫・戴（Ellen Day）、瑪麗・戴（Mary Day）、瑪麗・威廉斯（Mary Williams）、瑪・戴維（Emma Davey），又名「閃電愛瑪」（Flash Emma）。他們投宿在漢普郡惠特徹奇一家名為犁刀的旅館。惠特徹奇當時住著許多工人，他們都在附近的拉摩史托克（Laverstoke）那間赫赫有名的波特爾（Portal）造紙廠工作。波特爾造紙廠正好是英格蘭銀行的紙供應商。幸運之神似乎對伯內特和米爾絲頗為眷顧，有一天晚上他們認識了一位名叫布朗的男子（Harry Brown），他在紙廠擔任木匠的助手。布朗和米爾絲很快就成了戀人，在米爾絲的百般央求下，布朗在一八六一年四月冒著丟掉工作的風險，偷了一些空白的鈔票紙給她。走上這一步時，這個可憐人的命運已然註定：他落入陷阱裡，成為目標、凱子、丑角、受騙者、可憐的鄉巴佬、被犧牲的棋子，以及任人擺布的笨蛋。在米爾絲的協助下，伯內特完全將布朗掌控在手中，開始壓榨他，向他勒索更多的空白鈔，於是這兩位騙徒漸漸有了穩定的空白鈔票紙源。即使布朗被工廠的模具製造助理布魯爾發現時，伯內特也能扭轉局面，順勢收買了他，在造紙廠中得到兩名內線。他現在唯一需要做的，就是找人幫忙將這些珍貴的紙變成錢。

到了一八六二年的夏天時，伯內特已經從當地的酒吧和小酒館網羅到一批同夥：在威斯敏斯特史密斯街的羽毛酒吧結識了年邁的卡明斯，他過去也曾行騙過，當時則是電鍍和鍍金工人；在伯明罕的牛頭酒吧遇見雕刻師傅和銅版印刷工人格里菲思；在肯寧頓公園的聖保羅大道邂逅另一名雕刻師傅威廉斯；還有在威斯敏斯特經營肉舖的屠夫邦契爾，他負責居中接應和保存假鈔。伯內特掌控的偷紙賊設法走私了數百張空白印鈔紙張，他們藉此製作出上千張不同面額的紙幣。不過這個集團的壽命很短：在一八六二年年底，工廠很快就發現偷紙賊，警方則圍捕了整個集團。一八六三年一月在老貝里舉行了審判：「里賈納對格里菲思一夥人」。米爾絲在聽證會時就已經當庭釋放，因為她的行為一直是受到「她的丈夫或同居人的影響」。可能是整起事件主謀的偽造者格里菲思則被判處終身監禁；負責藏匿假鈔的邦契爾被判處二十五年有期徒刑；伯內特則是二十年；雕刻師傅威廉斯輕判四年徒刑；卡明斯僅受到口頭告誡，而布朗因為轉為汙點證人，所以逃過一劫；布魯爾則是無罪開釋。在一八六三年一月十三日的《泰晤士報》上刊登了一篇評論此案的重要社論，當中提到「拉摩史托克珍貴的紙」，總結道：「事實是……紙之為物……宛如來自法國塞弗爾或德國德勒斯登出產的神祕藝術瓷器。在這起事件之前，從來沒有人能夠如此成功地去模仿，也從未有人想要盜取。」

紙鈔是資本主義的化身，所以竊取紙鈔的懲處曾經是死刑，目前還是有些國家施以這樣的極刑。英格蘭在一七二五年頒布偽造鈔票處以死刑的法律，而在一七九七到一八二九年間，超過六百人因為偽造或使用偽鈔而被處以絞刑。英國在一八三二年時廢除了死刑，這救了格里菲思和伯內特一夥人的命，不然他們必死無疑，不過還是有各種嚴刑峻法來處罰竊盜鈔票和偽製者。在許多國家，光是經手類似貨幣用的紙張就算是違法，更遑論是製造。（為英國和其他許多國家印製鈔票的德拉魯公司〔De La Rue〕，使用特製紙張以及複雜的凹版印刷技術、微縮印刷、浮水印、紫外線特徵、鋁箔片、全息照相技術等種種防偽功能，以確保產品的安全性，但這一切都阻擋不了偽造者的決心。根據英國央行統計，在二〇〇九年，英國市面流通的偽鈔約有五十萬張。）若是政府真的想整頓偽鈔，要面對的其實是另一個截然不同的問題。

一直以來，偽鈔便是經濟戰爭中的一項利器，未來也還是如此：十八世紀時英國曾經偽造了好幾個美國殖民地的貨幣；拿破崙在一八〇六年占據維也納時，也印製了奧地利的紙鈔；二次世界大戰期間，在著名的伯恩哈德行動（Operation Bernhard，或譯作伯納計畫）中，納粹德國成功地將近九百萬張偽鈔混入英國。在比較晚近的波灣戰爭、以及目前所謂的「反恐戰爭」與「阿拉伯之春」，經常傳出偽造和散發美元、第納爾[2]與阿富汗尼的謠言和報告。巴基斯坦以大量偽鈔攻擊印度，北韓顯然是百元美鈔的偽造專家。各國政府在這一點比業餘愛好者和騙子更具優勢，畢竟偽造鈔票並沒有想像中那麼簡單：不可能用

②譯註：第納爾（Dinar）是一種貨幣單位。在中東北非一帶有數十個國家採用這種貨幣，各國的第納爾幣值和面額並不盡相同。

影印機來製作鈔票；而把紙浸泡在茶水中再以烤箱烘乾，以及用髒物磨擦這種幼稚伎倆，實在沒有什麼說服力，無法讓人相信做出來的東西是一張舊鈔。（不過曾協助揭開希特勒日記騙局的專家倫德爾〔Kenneth W. Rendell〕在他那本可信度甚高的《偽造史：假信件和文件的判斷》〔*Forging History: The Detection of Fake Letters and Documents*, 1994〕中指出，許多偽造文件其實都是粗製濫造的，經不起仔細檢驗。比方說一張由甘迺迪親筆簽名的筆記，上面寫著他在一九六一年就職演說上發表的名言：「不要問你的國家能為你做些什麼，要問你能為你的國家做些什麼」就輕易被發現是偽造的，雖然那張紙上印有真的白宮用紙的浮水印，但日期是一九八一年。）

## 在紙上記帳

紙鈔，不論真偽，其實僅是紙和錢之間種種關係的一個或部分層面而已，還有其他更複雜的形式，如：帳簿、分類帳，以及銀行、建築協會、保險公司、大大小小的企業、政府和個人將其債權債務和貿易記錄在紙上的所有方式。達爾文的外祖父韋奇伍德（Josiah Wedgwood）也屬於第一批認真記帳的世代，少了一條腿的他，是個了不起的陶藝家、發明家和實業家。他在一七五九年創立了自己的陶器事業，並且不斷發展壯大，直到一九七〇年代初期，因需求量下滑、生產成本增加，而陷入瓶頸。韋奇伍德立即進行了一種原始的成本核算分析，檢查他自己記錄的書本和帳冊，結果發現不僅效率低，當中還有貪汙的證據，他迅速採取行動，為後代子孫維護了這個企業，藉由文書工作化險為夷。

在英國文紙史學家協會（British Association of Paper Historians）發行的重要期刊《季刊》（*The Quarterly*, no. 61, January 2007）上，有一篇讓人意想不到的精彩文章，探討以紙張為基礎的會計和業務系統。勾德（Andrew Gold）閱讀大量關於會計及公司檔案的論文，以及文具店的活頁帳簿目錄，精確地指出何以說「帳本是紙張多功能性的一個絕佳例子」。然而，即便功能再多也逃不過凋零的命運。連大型文具及辦公用品製造商雙鎖（Twinlock），都因為龐大的紙張作業會計系統衰退，而難以為繼；在感嘆之餘，勾德注意到，雙鎖的總部和工廠現在成了樂購超市的停車場：厚重大型的分類帳冊和雙面帳簿可能被軟體所取代，而我們在樂購超市的多數交易也可以變成無紙化的電子處理，但在我們的周遭、腳下或是身後，從近來愛爾蘭信貸推動的建設熱潮，到威脅歐元區的希臘貿易赤字擴大，以及西班牙和葡萄牙的債務危機，處處都有紙幣，以及中飽私囊的貪婪之徒伺機而動。在狄更斯的代表作《董貝父子》（*Dombey and Son*, 1848）中，可憐的保羅從他父親身上學到艱難的一課：錢可以做任何事，除了拯救我們之外。「董貝先生……對他解釋道，雖然錢好比神通廣大的精靈，絕不能以任何理由來貶低它，但也無法讓將死之人繼續活下去。不幸的是我們都必須死，即便我們住在城市裡，即便現在我們累積了前所未有的財富。」千萬不要輕忽，但也不要依賴：紙鈔不過就是在延遲真正付出代價的時間而已。

# 6

# 靈魂的廣告

廣告的靈魂是承諾，極大的承諾。

——山繆・強生（Samuel Johnson），
《閒人》（*The Idler*, 1759）

▲底紋：紙袋。

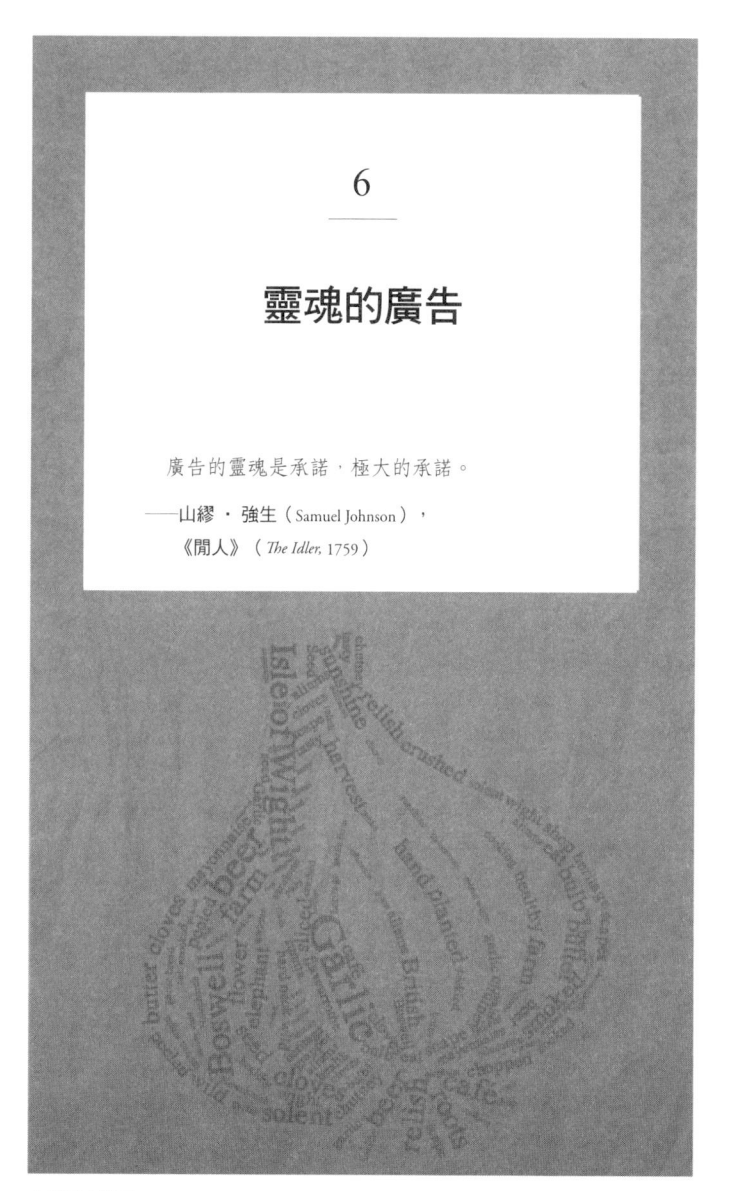

P. & O. S. N. 公司行李托運的標籤，上面印著「請將這個標籤放在行李的底部。」並註明「不要貼在『隨身』行李上」。

## 包裝紙和標籤貼紙

紙可以拿來包裹、收納、保護和存放各種物品或商品，不論是花生還是鳳梨，油漆還是細針。有了紙，我們得以運送貨物，安全地處理與儲存它們，並且制訂出複雜的倉儲和管理系統。我個人對這一切瞭若指掌，因為我曾在倫敦以舊書店聞名的查令十字路上的福伊爾（Foyl）書店工作過，那裡有一套老舊的交易系統，買書時要先到一個櫃檯領取書的帳單，接著再到另外一個櫃檯付款，最後拿著帳單副本和收據回到第一個櫃檯取書，這套辦法不是激怒顧客，就是把他們搞得暈頭轉向。紙也讓我們能夠裝飾和宣傳物品與商品，比方說這本書，它的封面看起來就比實際內容更漂亮、更吸引人，如此才能以更高的價錢出售，又是一個以紙造紙的例子。

標籤可說是最簡單的一種廣告形式：資訊豐富、變化多樣，而且是最為基礎必要的，在所有類型的紙中，標籤也許是最普遍的，但內容往往是最豐富的，它的功能介於保證、符號和承諾之間。所以，就讓我們從紙標籤的廣告效益之間的關係開始看起。但是，到底要看哪些標籤呢？是要從安迪・沃荷（Andy Warhol）轉化成藝術品的康寶濃湯標籤開始嗎？（當然，這確實代表一個有趣的小把戲，將日常生活的廉價品搖身一變，成為高檔的藝術創作，但其實畢卡索才是這種戲法的始作俑者，他的《風景海報》〔*Landscape with Posters*, 1912〕，便描繪出法國品牌KUB高湯和保樂酒瓶的標籤，而他的《大拍賣》〔*Au Bon Marche*,1913〕基本上就是由廣告拼貼而成。）還是應該要看看一九二〇和三〇年代的巨型行李箱標籤，透過它們可以回溯一段北美大陸旅遊黃金時期的興衰史？又或者是豪華的雪茄盒標籤？還是約會禮盒上的「吃我」標籤？啤酒、白蘭地或蘭姆酒標籤？水果標籤？帕金森氏症的糖衣錠標籤？這些五花八門的標籤林林總總，令人目眩神迷。偉大的標籤史學家奧佩（Robert Opie），之所以說他偉大，不僅因為他可能是全世界唯一的標籤史學家，還是因為他同時也是罐頭、糖果和玩具的歷史學家，一位真正的短期資料研究者。他追溯紙標籤的歷史一路回到十六世紀，進入浩瀚無垠的宇宙。他寫道：「在標籤的歷史中，用了億萬種的設計：所以最好從一個標籤開始，然後再看貼標籤的那個人。」

一八二四年，在倫敦有個年約十一、二歲的小男孩，因為家境艱困，必須輟學去找工作。有人推薦他去沃倫的鞋油工坊，就在東街

用來裝柑橘的包裝紙。

酒瓶標籤，作者的私人收藏。

（Strand）外靠近亨格福德階梯的地方，在那裡工作一星期可以得到六或七先令，夠他買不新鮮的糕點當早餐，一條乾臘腸和一分錢的麵包當午餐，偶爾還可以拿些畫片和便宜的雜誌來看，當作是消遣。到了晚上，他會返回肯頓鎮的住處，那裡沉悶而無聊，所以有時在回家的路上，他會繞去柯芬園市場逛逛，盯著那裡的鳳梨，或是麵包車上的展示品，或是駐足在奇人異士和動物之間：肥豬、印度人與女侏儒。那他在工坊時做些什麼？他整天都忙著將標籤貼到陶甕上。其中一款標籤，應是由「當代賀加斯」[1]克魯克香克[2]設計的，上面有一隻邋遢的虎斑貓，被自己在一隻閃亮靴子上的倒影嚇到：

十二雙新靴子，多數透著亮光，
是沃倫那台著名噴氣機的傑作，還把它擺放放在一間房，
那裡經常聚集著二十四隻貓，
在看到靴子時，牠們會齊聲大叫，

①譯註：賀加斯（William Hogarth，1697—1764），英國知名畫家、版畫家、諷刺畫家，也是歐洲連環漫畫的先驅，作品範圍極廣，從卓越的現實主義肖像畫到連環畫系列。他的許多作品經常諷刺和嘲笑當時的政治和風俗，後來這種風格被稱為「賀加斯風格」。

②克魯克香克（George Cruikshank，1792—1878），英國畫家、漫畫家，以繪製政治諷刺連環漫畫聞名，後來為時事書刊和兒童讀物畫插圖，也為狄更斯的作品《博茲札記》、《孤雛淚》繪製插圖。

比小鬼的叫喊更可惡。
所有人被迫從房子中撤退，
群貓在噴氣機的陰影中激烈打鬥——
講到這裡時，
所有人都聽得心花怒放，
向講述者歡呼，
要求再多講一些。
這裡是東街三十號的市場，沃倫鞋油的黑漆閃閃發亮著。

沒錯，我們這位可憐的貼標籤童工，就是大文豪狄更斯（Charles Dickens）。多年後，他回憶起這段在鞋油工坊的日子，「即使到了今天，我已成名，過著享有關愛和幸福的日子，然而午夜夢迴之際，我常常忘記自己親愛的妻子和孩子，甚至忘了自己已經是一個男人，又淒淒地回到我生命中的那個時候。」他鉅細靡遺地描述了當時的工作：

我的工作是覆蓋黑色鞋油罐：先蓋上一張油紙，再蓋上一張藍紙，然後用麻繩沿罐口繞住綁緊，並且全部修整一番，直到它看起來像是藥房賣的軟膏罐一樣。做完一定數量後，我就將印好的標籤一一貼上，然後再繼續封更多的罐子。

## 作家與紙

狄更斯的工作生涯從頭到尾都和紙有關。在一八七〇年六月八日晚上，將近是他離開鞋油工坊的五十年後，他於迦山廣場花園搭蓋的兩層組合式瑞士小屋的工作室——他為自己打造出來的小工坊？——工作了一整天，寫他第十五本小說《艾德溫德魯德的奧祕》（*The Mystery of Edwin Drood*）後中風癱瘓，在二十四小時後辭世。在小說第二十三章的結尾，那是當天下午他以明亮的藍色墨水書寫的，他留下了一句「然後他帶著滿腹的興味倒下」。

有些作家對紙有獨特的偏好：比方說吉卜林（Rudyard Kipling），只使用為他特製的書寫紙，「要固定大小、灰白色、藍色紙張」。而睿智的德國評論家兼文化理論家班雅明，則對文具十分迷戀。班雅明在一九二七年寫給他朋友科恩的一封信中，興高采烈地感謝他送了一本藍色筆記本當禮物：「我隨身帶著這本藍皮書，一直談論它……而且我發現它和某些漂亮的中國瓷器有相同的顏色。」班雅明還在〈單行道〉（1928）中建議讀者不要使用隨便的書寫材料，不過他似乎也沒有依循這個忠告，他自己的筆記本和索引卡也是讓人看得眼花撩亂，難以理出頭緒。（班雅明還收集明信片、照片、俄羅斯娃娃以及佳言錄。）

當然，要說雜亂無章，把《唐璜》草稿寫在節目單背面的拜倫，或是把《魔戒》寫在大學生考卷後面、抽雪茄抽到忘我的托爾金（J.R.R. Tolkien），絕對是有過之而無不及。

相比之下，狄更斯顯得有條不紊許多，不過那是因為真正對他胃口的是文字，而不是「文具」（stationery）；事實上，他甚至連拼寫這個字都有困難，這個字常讓他和英文「靜止的」（stationary）一詞聯想在一起，對他來說，文具帶有靜止的性質，老是拖累他，害他無法振筆疾書。狄更斯「憤怒的筆跡，以近乎咆哮的方式，想要一股腦兒地宣洩而出，讓人覺得他是那種無時無刻無處不寫的人。給他一個罐子，他會貼上標籤。在寫小說時，他傾向使用粗糙的藍色紙張，跟之前在沃倫鞋油工坊用來覆蓋鞋油罐的藍紙差不多，他會將紙撕成兩半，迅速而堅定地寫在其中一面，有時也會用到反面，進行更正和補充。狄更斯在一封信裡提過，他會在「一大堆小紙條上寫作、規畫及作筆記」。他管這些紙條和紙張叫「單子」（slips），彷彿它們就是裝載他文中大量人物的收據或記事表。還有不少知名小說家也採用「單子」這種作法，像是德國的施密特（Arno Schmidt）和納博科夫（Vladimir Nabokov），他們都是從好幾盒索引卡中拼湊出一本書。

而從這點來看，狄更斯可以說是史上第一位資本主義作家：他的作品介於標籤、書記和廣告之間。的確有些學者認為，狄更斯發表的第一份作品其實是一些廣告文案，是一首頌揚沃倫牌黑色鞋油的詩，不是用來裝飾瓶罐的標籤，而是一份報紙廣告，而且一直以來都有人覺得連他的小說裡都有過多的鋪陳和廢話，像是雲霧，或皮爾斯皂的泡泡。在一篇著名的文章中，歐威爾（George Orwell）抱怨狄更斯筆下的人物都太過單薄，像紙一樣薄，讓你無法與他們進行適當的對談，毫無「精神生活」可言，他寫道：「托爾斯泰的人物可以跨越邊界，但狄更斯的只能畫在一張菸卡上。」（這裡歐威爾大概是想到他年輕時流行的菸卡，那時玩家牌的香菸都附有描繪狄更斯書中人物的菸卡，第一批是在一九一二年發行。）歐威爾認為狄更斯的作品有些「虛幻不實」，但也是因為這一點，狄更斯成為他那個時代的代表作家。

## 無所不在的廣告紙

十九世紀時，廣告大舉入侵公共空間，宣傳各式商品和服務，現代消費資本主義從中誕生，而且活躍在紙面上。文化批評家威廉斯（Raymond Williams）也注意到這現象，他表示，廣告真正的歷史並不是從底比斯公告和懸賞捉拿逃亡奴隸開始的，也不是中國用來包裹針灸針頭的手工紙，甚至連十八世紀用來宣傳戲劇、馬戲團和動物展覽的圖畫傳單也不算在內，真正的起點應當是一八五三年英國取消廣告稅，接著在一八五五年取消郵票稅，以及之前於一八五一年發明的平版印刷創造出種種可能性，造成「商業資訊和說服系統的制度化」。威廉斯在他的論文〈廣告：魔術系統〉（Advertising: The Magic System, 1980）中描述了一套他所謂的「高度組織化和專業的魔術系統，可以誘惑他人，並讓人感到心滿意足」，這是由作家和藝術家執行，刊登在報章雜誌中，展示於海報看板上，產生他所謂「迷惘社會的文化」。在十九世紀，紙以廣告的形式現身、看見並征服這世界。

紙扼殺了倫敦。在《博茲札記》（*Sketches by 'Boz', Illustrative of Every-day Life and Every-day*

*People*, 1836）中，狄更斯將倫敦描述成「一個充滿海報和廣告的馬戲團，滿城都是皮爾斯和沃倫的傑作，徹底將我們掩埋，弄得連自己都看不見。來讀讀這個！來看看那個！」根據紙史家杭特（Dard Hunter）的研究，在一八〇五到一八三五年間，英國每年生產的機製紙從五百五十噸增加到近兩萬五千噸，造紙廠就像是將紙張直接噴到空中、灑上街頭，就跟排放大量煙霧的工廠沒什麼兩樣。這樣的結果既讓人窒息也令人陶醉。一八六二年有一幅流行的雕刻版畫〈海報工的夢〉（The Bill Poster's Dream），刻畫一名貼海報的工人癱坐在燈柱下，像喝醉酒一樣，看起來筋疲力盡，一旁還擺著他的膠水罐，他辛苦張貼的作品照亮整個夜空。在三月號的《家常話》（*Household Words*, 1851）上，狄更斯寫了一篇文章〈貼海報〉（Bill-Sticking），當中描述一間舊倉庫牆上的「黏膠和紙張都已經腐爛不堪，看起來像是一塊陳年起士。」他繼續寫道：

> 這些舊海報的殘渣拖累了這座老房子，由於沒有其他地方可以再貼上新海報，於是張貼工人只能失望地放棄這個地方……這房子隨處可見剝落的厚重外皮，大量地飄下來，散落在街上；然而在這些裂縫和空隙之下，破爛的海報仍舊依稀可見，好似永無休止。

在寫作上也是永無休止的狄更斯，在《我們共同的朋友》（*Our Mutual Friend*, 1865）這本他最後一部完整的小說中，再次提到紙張永無休止的影像：

起風時，在倫敦街頭飄動的那些神祕紙張，一會兒飄到這裡，一會兒飄到那裡，到處都是。它是從何而來，又將往哪裡去？它掛在每棵灌木上，在樹木間飄揚，偶爾被電線杆鉤住，盤旋在家家戶戶外，啜飲每個幫浦打出來的水，蜷縮在每道柵欄間，在草地上顫抖著，在大片鐵軌後方遍尋不著一處停歇之處。

這裡的紙無所不在，當然沒有什麼紙比狄更斯自己製造的更多。「我變得停不下來，無法休息。」一八五七年他寫信給友人福斯特（John Forster），這個人後來得到正式授權為他作傳記，在信中他提到自己就像是不能停歇的廢紙一樣，不斷被風吹著。除了小說外，他還寫新聞報導、非小說、詩、劇本和信件，共達一萬四千多件作品，朝聖者出版社（Pilgrim）最後匯集成十二大卷。而這還沒有加入用來宣傳狄更斯的廣告用紙，不管是狄更斯本人所寫，或是由其他人所撰，他的出版商布拉德伯里和埃文斯（Bradbury and Evans）光是為了宣傳第一本《小杜麗》就印製了四千張海報和三十萬份傳單。（而到二〇一二年狄更斯二百年冥誕時，造紙廠更是忙碌，狄更斯的「官方出版合作夥伴」企鵝出版社籌畫一系列慶祝活動，出版全新的精裝本、套裝組、豪華圖文版，以及狄更斯的兒童經典瓢蟲和海鸚叢書。）

雖說十九世紀的紙張困擾人心，讓人無法擺脫，但換個角度來看，它其實也具有驅策、敦促和引導的功能。那個年代不僅充斥著無所不在的廣告、大量的刊物，以及標準三冊一套的長篇小說，還生產大量的計算對照表、日曆、帳本和會計帳簿。一八七四年的《泰晤士報》形容這是個「時間表的時代」（age of timetables）。各式各樣的路線圖和距離表，讓數量不斷增加的城市居民得以認識他們不斷擴大的城市。在一七八六年率先出版的《費爾丁出租馬車費率》（*Fielding's Hackney Coach Rates*），只是這類書籍中的第一本而已，陸續還有介紹租車公司和觀光地圖的書，包括具有醒目標題的《仲裁者或大都會地圖》（*The Arbitrator; or Metropolitan Distance Map*,1830）、《出租馬車袖珍指南》（*The Hackney Carriage Pocket Directory*, 1832），和莫格（William Mogg）的《萬種租車計費》（*Ten Thousand Cab Fares*, 1851），都是為旅客量身打造的，用來指引他們以合理的價格安全地在大都會區行走。

在瑟蒂斯（Robert Surtees）一八五三年寫

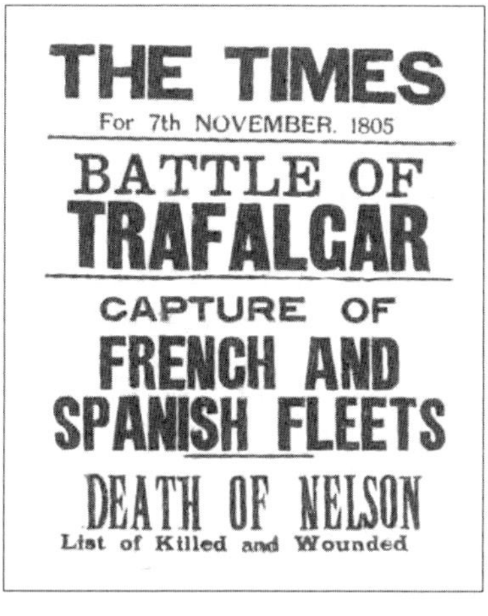
THE TIMES
For 7th NOVEMBER. 1805
BATTLE OF
TRAFALGAR
CAPTURE OF
FRENCH AND
SPANISH FLEETS
DEATH OF NELSON
List of Killed and Wounded

1805 年 11 月 7 日的《泰晤士報》，當日新聞標題為：特拉法加（Trafalgar）之役、俘虜法國與西班牙艦隊、內爾森之死以及死傷名單。

的小說《海綿先生的運動之旅》（*Mr Sponge's Sporting Tour*）中，書中的主人翁隨身帶著莫格的書，放在口袋裡一起旅行，就跟《環遊世界八十天》（1873）中的弗格（Phileas Fogg）一樣，他從查令十字路出發，隨身攜帶一本紅色封面的《布朗蕭的大陸鐵路和蒸汽運輸通用指南》（*Bradshaw's Continental Rail and Steam Transport and General Guide*）。即便你出門時口袋裡沒有塞滿紙，它們還是與你長相左右。德國貴族穆斯考王子（Prince Hermann Ludwig Heinrich von Ptickler-Muskau）在《德國王子巡禮》（*Tour of a German Prince*, 1831—1832）中，描述英國著名的步行廣告：「以前人們將廣告內容貼出來就滿意了，現在他們還要將廣告揹在身上到處走動。有個人帶著比一般帽子高出三倍的紙板帽，上面以斗大的字母拼寫出：『靴子一雙十二先令！還有售後保證！』」

實際上，根本毫無保證，而且看了讓人心生警覺。廣告不請自來地占領了海報、傳單、看板和告示的所有版面。美國的廣告看板，不論你喜不喜歡，林立在整個國家的街頭。在一八六〇年代，紐約市新郵局的預定地還出租給廣告商，並且搭設了一道專門用來張貼海報的圍欄。一九〇九年在《科利爾》（*Collier's*）雜誌上有篇文章抱怨道：「在我們清醒的每個時刻，都不斷受到哀求、煽動或命令，要我們去買某人的某樣東西。早上看的報紙滿是廣告，走去最近的洗車處也是它，就連轉車的地方都滿是它。」即使在將海報當成是藝術品的法國，也出現對這種新流行的質疑聲浪，認為這是企圖說服和影響群眾，讓他們做出違背自然規律與上帝旨意之事。藝術家謝黑（Jules Chéret）或許以色彩鮮豔、舞姿曼妙的女郎圖像將海報轉化為一件美好的作品、一份欲求的對象，這確實啟發了羅德烈克（Toulouse-Lautrec）等人的藝術創作，但正如記者塔梅耶（Maurice Talmeyr）在〈海報時代〉（The Age of the Poster, 1896）這篇文章中感嘆，這樣的海報奉勸觀眾不要「祈禱、服從、犧牲自己、敬拜上帝、敬畏主、尊重國王」，而是要「娛樂自己、梳理自己、餵養自己、上劇院、舞會、音樂會、看小說、喝高檔啤酒、買上好的肉湯、抽的雪茄、吃高級巧克力、去狂歡、讓自己保持清新、帥氣、強壯、開朗、取悅女性、照顧好自己、梳理好自己、淨化自己、檢查一下內衣、服裝、牙齒、手掌，然後吃顆口含片，如果你著涼了！」

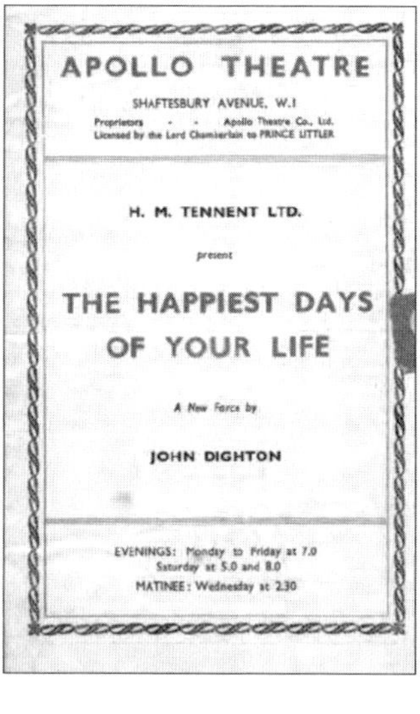


阿波羅劇院的傳單，上排標示地址、業主與核發執照者。中間一欄是製作公司與劇碼：「你生命中最好的日子」，以及劇作家姓名；下方欄位標示演出時間。

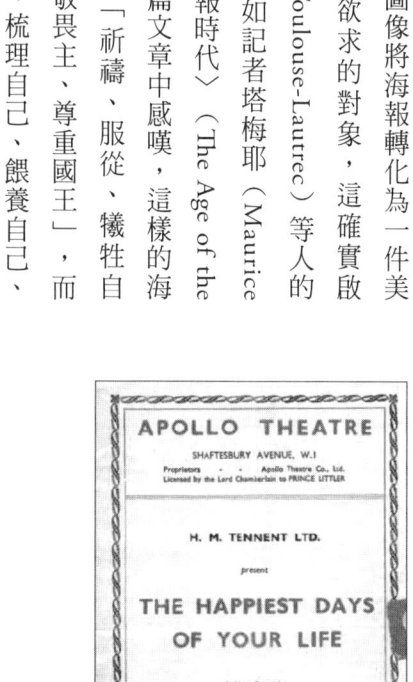

## 廣告紙的命運

真正著涼生病的其實是紙，它展現出退化的跡象和症狀。霍林斯黑德（John Hollingshead）一八五七年寫的〈無限紙城〉（The City of Unlimited Paper）最能表現出當時世人對紙世界的害怕與恐懼，這篇精彩的文章刊登在狄更斯發行的《家常話》雜誌十二月號上，在文中，霍林斯黑德將倫敦想像成一座「新巴比倫」：

> 在以皇家交易所為中心的一定範圍內，躺著一座巨大的廢墟紙城。統治者看似堅強穩固，但卻是紙做的。他們騎乘的是紙車，娶的是紙新娘，生出來的是紙孩子，他們的食物是紙，想法是紙，他們接觸的一切也轉化為紙。……他們生活和交易的那座莊嚴宮殿也是由紙打造而成的……只要呼一口氣就能吹倒。那口氣其實早就吹過他們，他們現在住在塵埃之中。

這段話顯然是在呼應《創世記》二：七節：「耶和華神用地上的塵土造人，將生氣吹在他鼻孔裡，他就成了有靈的活人。」那麼，人們不禁要問，霍林斯黑德所描述的衰敗和消亡是否可以逆轉？是否能從塵土重新形成一座紙城，讓它重生，並獲得救贖？

是可以的。它復活了，而且是在喬伊斯（James Joyce）的小說《尤利西斯》（*Ulysses*, 1922）所描寫的都柏林中。狄更斯作品中每一份衰敗的紙，不論是海報、摺頁、公共文件、私人文件、傳單、廣告、行動廣告看板，甚至是稱為「真棒」（Veribest）的靴子鞋油廣告，都在喬伊斯的作品中再度出現，但是在《尤利西斯》中，紙的擴散並不會威脅生命。《尤利西斯》這本書確實可當作一種巨大的自我廣告來解讀，像喬伊斯筆下的主人翁布魯姆（Leopold Bloom）所描述的那樣，會引發「路人好奇地駐足」：「高聳入雲……一目了然，還具有一種磁性，能讓人不由自主地關注起來、對它產生興趣，進而被說服，並做出決定。」布魯姆是一位廣告推銷員，為都柏林的報紙《自由人》（*Freeman*）徵求廣告，而這本小說也是廢紙回收而來的。喬伊斯在一九一七年告訴一個朋友：「我都拿廣告紙的背面來作筆記。」他還善加利用了尺寸和外套口袋相當的紙，這樣的大小剛好可用來當作提醒自己的備忘錄，從艾普牌可

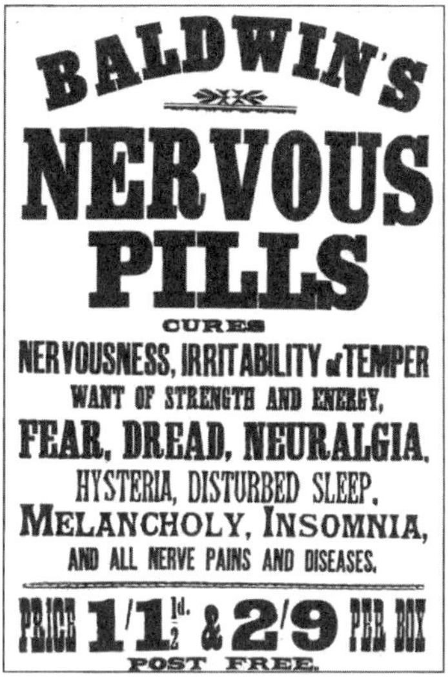


神經緊張藥物的廣告傳單，上方標示藥商名稱「鮑德溫」，並羅列出適應症。下方欄位標示單顆和一盒的價錢。

可粉、布希米爾斯威士忌、健力士黑啤酒、薑、皮爾斯皂到李樹牌肉類罐頭，這些產品全都融入在整部小說裡，成為當中主要的骨幹和內容：「少了李樹牌肉罐頭的人家是怎樣的家庭？那是不完整的。有了它，幸福便有了居留權。」在一段精彩的段落中，布魯姆發想出一種全新的移動式文具廣告：「讓兩個聰明伶俐的女子坐在一台透明推車中寫東西，有信紙、書本、信封和複寫紙。我敢打賭，這一定能吸引眾人的目光。」兩個聰明的女孩再加上一堆紙——這就是愛爾蘭作家的幻想。

這樣看來，或許廣告才是紙的詛咒，是它的原罪，意圖不斷地尋求救贖和更新，始終帶著該隱的浮水印記號③。愛森斯坦（Elizabeth Eisenstein）在她那本經典的《印刷術：改變的推手》（*The Printing Press as an Agent of Change*, 1979）中對此做了精闢的解釋，當時的印刷業者為了超越競爭對手，孤注一擲地率先使用今日我們所認識的廣告：「吹噓的藝術、誘導式的書寫，以及其他熟悉的宣傳手法，都是早期印刷廠費盡心機使出的伎倆，他們希望擄獲公眾的心，購買他們印製的作家和藝術家作品。」紙的歷史和它所包裝與推銷的貨物、產品及服務息息相關，而它們註定難逃遭人遺忘的命運——除非是保存在為後代所設立真實或虛構的博物館中。在《海報：歐陸、英國和美國之海報設計發展研究》（*Posters: A*

③譯註：該隱的記號出自聖經創世紀，該隱因殺了他的兄弟亞伯而遭耶和華驅逐，該隱表示：「凡遇見我的必殺我」。耶和華：「凡殺該隱的，必遭報七倍」。於是「耶和華就給該隱立一個記號，免得人遇見他就殺他」。爾後該隱的記號引申為羞恥之意。

*Critical Study of the Development of Poster Design in Continental Europe, England and America*，1913）這本書中，普萊斯（Charles Matlack Price）便提出警告：「一張差勁的海報，它失敗的命運是註定的，絕對無法挽回，勢必會被打入廢紙冷宮。」

或許，在最好的情況下，我們可以期望像收集火柴盒的暹羅國王朱拉隆功（Chulalongkorn）一樣，他在一八九七年參訪倫敦時，甚至從水溝裡撈出火柴盒，添加到他的收藏品中。朱拉隆功國王是所謂的火柴盒收藏家（phillumenist）。我們或許比較願意自稱是香菸卡收藏家（cartophilist）、明信片收藏家（deltiologist）、紙幣收藏家（notaphilist）、啤酒標籤收藏家（labologist），甚至是卡門貝爾乳酪標籤收藏家（tyroemiophilists），但無論如何，請將下面這個簡單的忠告銘記在心：「去除瓶子或盒子上的標籤，最好的方法是將它們浸泡在溫水中，然後等待它們浮起。有時也可能需要一些外力，幫助標籤脫落。」——奧佩（Robert Opie），《標籤的藝術》（*The Art of the Label*, 1987）。紙很黏。

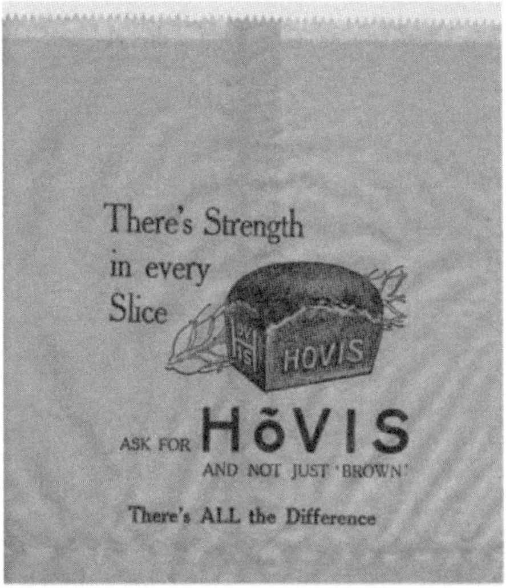


英國傳統麵包品牌「侯維斯」，廣告標語是「每一片土司都蘊藏著力量」、「請購買絕無僅有的侯維斯麵包」。

一張 1961 年外伊獵狗學院馬術障礙賽所發行的停車券。

# 7

# 建設性思考：建築藍圖

一般都是將紙黏貼起來；我們嘗試以綑綁、釘鑿、縫製或鉚釘固定來取代黏貼。換句話說，我們以多種不同的方式來固定紙……我們的工作目標基本上與不模仿或重複他人的作品相去不遠。我們嘗試做實驗，訓練自己進行「建設性思考」。

——阿爾伯斯（Josef Alber），
引用自拜爾（Herbert Bayer）《威瑪的包浩斯1919-1925》（*Bahaus Weimar 1919 -1925,* 1975）

▲底紋：牛皮紙，紙如其名，強韌，不易拉破。

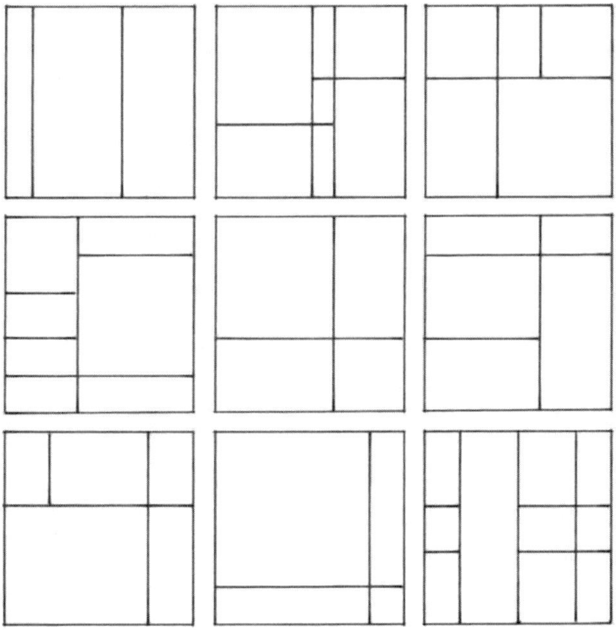

向方塊致敬。

## 紙的建築師——阿爾伯斯

讓我們認識一下阿爾伯斯（Josef Albers, 1888—1976）這位身兼藝術家、詩人、哲學家、攝影師、印刷師傅、前任小學老師、飽學之士、激進教育家，以及一九二〇年代晚期在德國德紹的國立包浩斯學校（Staatliches Bauhaus）窮究色彩和方塊無限可能的學者。包浩斯學校是格羅佩斯（Walter Gropius）在一九一九年成立的，建校宗旨是將美術與應用藝術教學相結合，套句格羅佩斯的話，這是要「為工匠打造一個新的領域，摒除區分工匠和藝術家之間那種傲慢的階級差別。」阿爾伯斯便是格羅佩斯培育出的新生代模範。在包浩斯受教的他，日後回到母校教授「基本課程」（Vorkurs）。這門課每週要上四個早上，地點是在郊區一棟玻璃帷幕和鋼鐵組成的建築物的二樓，這間校舍是格羅佩斯親自設計的。（一九三二年後這棟建築成為國家社會主義黨的黨員培訓學校，直到被炸毀為止。原址重建後，申報為世界遺產，目前有提供導覽和解說行程）。

阿爾伯斯手臂夾著一卷報紙走進教室，身穿深色西裝、白襯衫、領帶還別上領帶夾，一頭瀏海剪得很高，凸顯出他的前額和狂熱的眼神，活像是現代版的西塞羅，這樣的造型也深受格羅佩斯和其他許多包浩斯成員的喜愛，這讓他們的團體照看起來像是嚇人的阿達一族。年逾三十的阿爾伯斯帶著鋼框眼鏡，讓他跟週遭建築融為一體，事實上他看起來就像是個包浩斯的建築師，雖然他不是，也從未建造過任何建築物。他連「紙上建築師」（paper architect）都談不上，這個帶有貶意的字眼，通常是拿來調侃設計圖從未蓋成真正建物的建築師，但到了一九八〇年代卻被一群俄羅斯建築師當成是榮譽徽章，用以表揚拒絕設計平淡、灰色且標準化的蘇聯建築物，基本上那是一種退化的包浩斯風格產物。阿爾伯斯並不是紙上建築師，他是**紙的建築師**。

他在課堂上介紹自己，然後解釋他對形與美意義的想法，並且闡述「形的複雜度取決於我們所用的形」。到目前為止，一切都很好。但之後就開始出現大動作。（阿爾伯斯經常將教學比擬成表演，有時還會要求學生排隊上課，若是他們有帶著門票來看這場「表演」的話。）他將帶來的報紙發給班上每位學生。「現在，我想請你們用剛拿到的報紙做出一樣比它更好的東西。請你尊重這項材料，以有意義的方式來進行，考慮它具有的特質。要是你能不使用刀子、剪刀或膠水，那就更好了。祝你好運！」

這確實需要好運。阿爾伯斯的教學方法評價兩極：後來以紙和紙板做出許多大型實驗作品的羅森柏（Robert Rauschenberg），當年也是他的學生，形容他是「一位美麗的老師，也是個奇人」，其他人則持相反意見。

在沃夫（Tom Wolfe）《從包浩斯到我家》（*From Bauhaus to Our House*, 1981）這本書中，描述這堂課幾小時後的場景，阿爾伯斯回到教室，他發現「有用報紙做成的哥德式城堡、遊艇、飛機、胸像、鳥、火車終點站和一些令人驚奇的作品。但總會有些學生，像是攝影師或吹玻璃的工匠，只會將報紙對折，讓它像一頂帳篷，然後就讓它維持那個樣子」，而那樣簡單折疊的紙帳篷，卻比那些匠心獨具、巧奪天工的鳥或火車更能獲得阿爾伯斯的青睞，但沃夫對此極為痛恨。阿爾伯斯這門預備課程的重點，是在教導學生認識材料的完整性。在他看來，木材不該羞於為木板，玻璃也不用害怕當玻璃，水泥也是如此……就該發揮水泥的特質。至於紙，這項他最喜歡的教具和媒材：

> 紙，不論是在手工業還是工業界，一般都是平放著，而且很少使用到邊緣。就是基於這個原因，我們應當嘗試將紙豎立起來，甚至作為建築材料，可以用繁複的折疊方式來強化紙質。我們可以使用紙的兩側來強調邊緣，一般都是將紙黏貼起來，讓我們嘗試以綑綁、釘鑿、縫製或鉚釘固定來取代黏貼。換句話說，我們以多種不同方式來固定紙。在這樣的經驗中，我們可以認識它的彈性和韌性，了解它延展和壓縮的潛能。最後，在嘗試過各種使它牢固的方法後，我們當然可以進行黏貼。我們的工作目標基本上與不模仿或重複他人的作品相去不遠。我們嘗試做實驗，訓練自己進行「建設性思考」。

阿爾伯斯後來又到美國北卡羅萊納州的黑山實驗學院、哈佛和耶魯大學任教，不過現在人們談起他時，也許最有印象的是他的色彩理論著作，和一他系列古怪而有趣的畫作《向方塊致敬》，內容正如標題所示，就是在畫方塊，而這些作品前後花了他二十多年的時間。但正是這些創作讓他為後人緬懷追憶，這是他身為教育家的開創性工作，尤其是開發出紙在教導建設性思考或是在建設性思考中的角色。

## 建築離不開紙

若說建築物和紙經常有類似之處，那是因為**紙是建築工藝中必不可少的元素**，今日的建築物，即使在第一座包浩斯建築物問世近百年後，看在眼裡仍然像是你昨天用的百特口紅膠、玻璃紙、麥片盒以及鬥牛犬牌的學生印刷套組所組裝起來的。傳統上，建築物是用紙做成的，看起來也像是紙。拿一張A4紙，然後站在一棟房子前面。現在，一步一步往後退，直到你能用這張紙遮住這整棟房子：房子完全與紙吻合。現在再往後退一點，會發現窗戶看起來也像紙，就固定在另一張紙上。將紙直直地豎起，你看到前門，將紙沿縱向折一半，則是屋頂。為什麼會是這樣呢？

也許是因為房屋的規畫、思考和繪圖往往是分不開的，而且都發生在紙上，仰賴尺規和T型器的協助。「我們的計畫是發電機」，柯比意（Le Corbusier）表示，試圖擺脫舊思維的他，根據人體尺寸，發展出一套測量和設計的新系統，他稱之為「模距」（modulor）。然而，即便是這個系統，仍須一再比較數百份詳細的圖表和草圖，這個過程對他來說似乎沒什麼樂趣可言。在《邁向新建築》（*Toward an Architecture*, 1923）中，他寫道：「畫設計圖可不是在畫像聖母臉龐那樣漂亮的東西，這極度的抽象，不過就是個幾何構造，相當枯燥乏味。」若說科比意認為紙之於他是一種約束，那對洛斯（Alfred Loos）這位著作多於建築物的建築師來說，紙則是一種形式的暴君：「建築藝術在建築師表達出來之後，淪落到圖形的層級。拿到最多委託案的人，往往都不是那些可以蓋出最好建物的建築師，而是作品在紙上呈現時看起來最好的。」

不管你喜歡與否，建築在它大半的歷史中，已經成為一門紙的專業。在構想一棟房子時，建築師歷來都是在紙上作業。構想一座宮殿時，歷來也是在紙上；而在構想一整座城市時，他們會改用稍微大張一點的紙。弗拉德（Robert Fludd, 1574—1637）十七世紀構思出堡壘城市；史密斯（Joseph Smith）為摩門教規畫出理想城市；社會主義先驅歐文（Robert Owen）提出〈農業和製造業村莊的連結與互助合作之觀點與規畫〉（A view and plan of the agricultural and manufacturing village of Unity and Mutual Co-operation）；自學成才的古怪速記員霍華德（Ebenezer Howard, 1850—1928）提出「田園城市」願景，在十九世紀晚期與二十世紀初以摺頁、地圖和圖表大力推廣，並且巡迴全國以幻燈片辦理講座；當然還有科比意當代城市（ville contemporaine）這個宏大的造鎮方案，在一九二二年巴黎秋季藝術沙龍展上展出上百平方公尺的城市模型，後來有部分設計真的在印度昌迪加爾（Chandigarh）實現了。上述案例全都是先紙上談兵，而多數也都只停留在紙上的構想階段，如同之前那些企圖滅族或摧毀其他人種和建築物的計畫。

一九九〇年代初期，我在羅馬尼亞遇見一位建築師，他告訴我羅馬尼亞的獨裁者西奧塞古（Nicolae Ceau escu）規畫和設計其宮殿的故事。他計畫在布加勒斯特的中心打造這個共和國的眾議院，這位自稱「喀爾巴阡山的天才」在一間體育館內，以巨大的紙板建築模型重現整座城市，還提出一個嚴格的要求：完全不能使用膠水黏貼。接著，他一股腦兒地拆掉城市模型的五分之一，然後找來七百位建築師一同設計出一棟龐大的建物，來填補當中的空缺。還有另一座共和國也很怪異陰森，在柏拉圖的《理想國》（*Republic*）中，蘇格拉底說：「除非給藝術家一塊乾淨的畫布，或者讓他們自己清理乾淨，不然他們不會開始為一座城市工作，也不會展開自己的工作（更不會制定法律）。」乾淨的畫布、新的開始，一張完好如初的新紙。

## 從紙中蓋出樓房

早期的建築師可能會拿出一些畫在莎草紙、羊皮紙或牛皮紙上的構圖，但大部分建築物的實際設計似乎是在現場完成，直接勾勒在石膏模上，或是刻在石頭上，由石匠師擔任繪圖員。但隨著紙的演變，建築這門專業也跟著起了變化：文書工作成為建設工作的基礎，而繪圖成了基本技能。阿爾伯蒂（Leon Battista Alberti, 1404—1472）在《建築藝術十書》（*On the Art of Building in Ten Books*, 1452）這本文藝復興時期第一本探討建築的專書中聲稱，在腦海中形成的想法，唯有畫在紙上時才能臻至完美，這與維特魯威（Marcus Vitruvius Pollio）[1]在《建築十書》（*Ten Books on Architecture*）中的指示遙相呼應，他認為一名建築師必須「受過教育、對鉛筆的使用熟練、懂得幾何、熟知歷史、關注哲學、懂得音樂和醫藥知識、知曉法學家的意見、熟知天文學與星空理論。」鉛筆技能從眾多條件中逐漸脫穎而出，成為這一行的基本工夫。雷恩（Christopher Wren, 1632—1723）[2]的一位傳記作者曾暗示，雷恩之所以成為一名建築師，僅僅是因為他具有「繪圖的興趣，而且偏愛看得見的結果」。一直到最近，大多數建築師都還是具有和雷恩一樣的品味。

從最初的草圖，到更詳細的規畫和設計圖，甚至是更為複雜的計畫與場地規畫——建築師的作品是在藍圖、藍曬圖、描圖紙和影印紙之間完成。實際上，位於芬蘭首都赫爾辛基的阿爾瓦・阿爾托基金會（Alvar Aalto Foundation），也許是最接近紙神殿的建築（地址是：no. 20 Tiilmaki, Munkkiniemi；開放時間為週二至週六的十一點半，門票十七歐元），十分歡迎建築系的學生來參觀。這位偉大的芬蘭建築師阿爾托，用他信賴的6B鉛筆，從一九五五年到一九七六年去世前為止創作出的作品，都在這裡展出。這棟大樓的外觀看起來像是白色紙卡組成的建築模型，內部也是。阿爾托認為：「造物主創造出紙，讓我們於其上畫出建築。其他的一切，至少在我來看，都是對紙的誤用。」（一九八六年日本建築

①譯註：維特魯威是古羅馬的作家、建築師兼凱撒的軍隊工程師。他將《建築十書》題獻給奧古斯都，這是西方目前唯一一部古代建築著作，他在書中為建築訂立三個主要標準：持久、實用、美觀。維特魯威認為建築是對自然的模仿，正如鳥和蜜蜂築巢，人類也用自然材料造建築物保護自己。為了建築美觀，先後發明了多立克柱式、愛奧尼柱式和科林斯柱式，其中比例要依照最美的比例，也就是人體比例。後來達文西依照他的描述畫了《建築人體比例圖》，也就是維特魯威人，在代表宇宙秩序的方和圓中，放入了一個人體。

②譯註：雷恩是英國天文學家、建築師。在一六六六年倫敦大火後擔任災後復興委員會的要員，大舉修復毀損文物，重建了包括聖保羅大教堂在內的五十一座教堂。今日倫敦的知名景點如皇家的肯辛頓宮、漢普頓宮、紀念碑、皇家交易所、格林威治天文台，他都有參與建築工程。

師坂茂在東京的軸畫廊〔Axis Gallery〕為阿爾托設計展覽時，開始以工業廢紙當作建築材料，如今在許多救災行動中，經常使用他以紙材打造的小屋和緊急避難所。）阿爾托經常拿餐館的餐巾紙來工作，也會在他喜歡的Turkish Klubi 77 K1ubb香菸盒背面速寫他的想法。每天早上，祕書會在他的辦公桌上擺好一疊薄薄的芬蘭素描紙，全都裁切成三十公分長，他會依長度來排他的鉛筆，然後開始工作。就是在這之間，阿爾托和他的員工為一個企畫案繪製出多達五千張的草圖，他們確實是從紙中蓋出樓房的。

雄偉的阿爾托建築如是，簡陋的居所亦然。十九世紀生產的移動式預製建築物，諸如穀倉、別墅、海關大廈、教堂和鑄鐵商場，不僅依賴標準組件的製造，也十分倚重清楚、價廉的企畫書、目錄，和詳細的組裝說明書。英國格拉斯哥的華特・麥克法蘭公司（MacFarlane & Co.）可說是十九世紀最成功的預製鐵件及樓房生產商和出口商，它們專精建築鑄鐵製造和衛生工程。它們美麗的商品型錄將近兩千頁，展示出林林總總從「營業場所、店面、商場到任何一種你可以想得到的戶外結構，不管是娛樂、住宿、休息、遮陽用品還是裝飾」，這些產品可以出口和豎立在任何地方。在美國也出現類似的情況，西爾斯羅巴克（Sears Roebuck）在一九〇八年開始販售預製房屋，顧客只要看目錄和下訂單，房子很快會由鐵路配送到府，隨時都可以像搭蓋快速穀倉那樣組裝。麥克法蘭鐵具公司的經營模式，今天在非洲和澳洲仍可見到，而在美國芝加哥郊區的唐納斯格韋（Downers Grove），至今仍然豎立著許多西爾斯製造的現代化家園。建築的標準化、模組化、工業化生產與經銷，獲得空前的勝利，後來嶄露頭角的家具品牌IKEA便是一例，而這一切都要歸功於紙。

當然，紙上建築的缺點，就是紙限制了建築師只能以繪圖的方式來設計，而不是在現場實地操作，因而讓它們與實體建築脫節。以科比意提出的新型住宅和城市空間來說，在紙上看起來可能讓人耳目一新，但住進去後往往是災難一場。以紙作為設計工具最明顯的問題在於，儘管也許能夠展現出結構之間相對應的長寬高，與彼此間的對應關係，但畢竟在二維平面上無法表現出建構空間本身的質量和形狀。這正是建築模型出場的時機，建築師將這些依比例製作的模型拿去參加建築比賽，或是展示給客戶、想規畫瘋狂宮殿的瘋狂羅馬尼亞獨裁者看。這些模型通常是用紙、紙卡、聚苯乙烯、塑膠、膠合板或是能夠澆鑄在矽模上的環氧樹脂來製作，如此便能營造出提案中建築物的大小和尺度的空間感。不過設計和建築之間仍然有一段差距，這可以稱之為「紙距」（paper gap），或是紙造成的差距。目前，電腦3D造型正在迅速縮小這種差距。

## 電腦繪圖取代紙張?

對建築師來說，在數位空間做設計是完全不同的體驗。早期的電腦輔助設計軟體（computer-aided design，簡稱CAD），即一九八二年推出的AutoCAD1.0版，讓建築師能夠在電腦螢幕上工作，但還是有許多事必須在紙上完成。早期的CAD基本上只是一種仿紙的形式，但最新的「建築資訊模型」（Building Information Modelling）系統是套3D繪圖工具，納入動畫和動態製圖軟體，早已超越繪圖板與紙張的幾何限制，進入複雜的時空模型。與製作建築模型的「電腦數值控制」（Computer Numerical Control，簡稱CNC）機器結合後，建築師事務所理當不須再用到紙、紙板、刀片、剪刀，或任何過去幾個世紀以來與紙相關的用具。於是，在建築界出現「繪圖死了嗎？」的問題，相當於多年來大家一直在探究的「這就是紙的終結了嗎？」

答案是：嗯，是也不是，也許吧！

後紙時代的建築界先知林恩（Greg Lynn）聲稱，這門專業的模式和方法轉變得更好了，從紙面設計到電腦模型，從直線和網格的固定圖案，到專注於流體表面，由此產生新的生物形態建築形式。林恩構想出「流體建築」（blob architecture，或稱blobitecture），這類型的知名建築物有蓋瑞（Frank Gehry）[3]在西班牙畢爾包蓋的古根漢博物館，與洛杉磯的迪士尼音樂廳，或是林恩在英國伯明罕為塞爾福里奇百貨蓋的那棟流體建築。這些非凡的新造型，似乎宣告建築已從紙上設計的束縛中得到解放。

當然，還是有些建築師發起捍衛行動，抵制電腦及所有的流體建築，而且這些反對者不僅僅是守舊的保守派而已。比方說，激進的建築師弗里德曼（Yona Friedman）[4]早在一九七三年便揚言要「去電腦化」，因為他看出在電腦設計中會出現一種宰制獨大的形式：「所有套裝軟體都未註明其隱含的限制。我無法隨心所欲使用軟體。與其使用它們，倒不如直接教人如何製作自己的軟體。電腦並不會提供真正的選擇。相較之下，紙就很不一樣了。我可以做出各種皺摺，這是在電腦上做不到的。」還有其他建築界人士為繪圖的藝術和工藝辯護，他們表示，繪圖會發展出一種特殊形式的技巧和注意力，在手和眼之間建立起重要而密切的關係，從而體現在人類形體和建築物本身的尺寸上，而電腦以及其具備的一切功能，實際上是拉開我們與現實世界的距離；但是萊特（Frank Lloyd Wright）[5]的彩色鉛筆畫，以及阿爾托畫在香菸盒的草圖，卻能拉近彼此的距離。

## 紙家具

如此看來，電腦不見得能夠戰勝紙張，由外而內地改造建築；那麼是否有可能由內而

③譯註：蓋瑞曾獲普利茲克獎、沃爾夫藝術獎、美國國家藝術勳章、美國建築師學會金獎、英國皇家建築師學會金獎等大獎，是美國知名後現代主義及解構主義建築師。

④譯註：弗里德曼在一九五〇年代提出「移動建築」（Mobile Architecture）以符合居民的社會和生活需求之設想，引起建築界廣泛爭論。他同時涉獵社會學、經濟學、美學、物理學、心理學等不同領域，審視建築的本質，關注使用者的空間權益，並提出「由居住者決定住宅與城市規畫」的主張，這開啟了建築設計與城市規畫的新思路。晚年著作的《為家園辯護：尤納弗萊得曼》（*Pro Domo*）集結他一生中不同時期的想法，超然於當代建築主流思潮，提醒世人切莫執著於建築的「意義」而放棄建築的「自由」。

⑤譯註：萊特是二十世紀上半葉最有影響力的美國建築師之一，同時也是室內設計師、作家和教育家。他相信建築的設計應該達到人類與環境之間的和諧，提出一套稱為「有機建築」的哲學，以此理念打造的落水山莊（1935），曾被稱許為「美國史上最偉大的建築物」。

外地進行改變呢？我們居家環境中的紙呢？我指的不是書和書籤，或是各類卡片和優惠券，而是建築物裡實際的裝置及配件：家具。

如果你家恰好是在日本，那麼你的房子可能真的是紙做的，會有屏風和固定在軌道上的拉門隔板，這讓傳統的和室發揮特有的採光。日本小說家谷崎潤一郎的著名散文集《陰翳禮讚》（1933—34）便強調紙的重要性，它能創造出變化多端的陰影，是傳統日本居家環境設計的一大特色。但不可否認的是，現代日本家庭的裝潢多半改以明亮的日光燈當作照明，而屋外則是整片的霓虹燈。儘管谷崎潤一郎對紙張在居家環境中所營造出來那富有深度和晦暗不明的微妙空間推崇備至，他坦承自己「不可能居住在這樣的房子中。」在文中對比陰暗的亞洲和明亮、閃閃發光的西方國家時，有個段落讀來非常奇怪，谷崎潤一郎進一步主張，紙的透光性和日本人「陰鬱」的膚色間存在某種聯繫和對應：「當一名日本人置身於一群西方人之間時，就像是一張白紙上有一個汙點」。這也許是日本版的「自

和室的滑動紙屏風。

我憎恨」（Jüdischer Selbsthass），多少會遭到抵制；相較之下，我們可能會比較同意紙史學家休斯（Sukey Hughes）所提出爭議性較低的論點，也就是「一個住在以滑動式紙板隔間、並裝有半透明紙窗房子裡的人，他的行為和思想勢必和居住在以石牆打造、裝有厚重木製門和玻璃窗屋子裡的人截然不同。」

對於我們這些監禁在以石牆打造、裝有厚重木製門和玻璃窗屋子裡的人來說（這當然包括大多數日本人），最接近傳統和室柔和光線的地方，可能是家裡巨大的白色月形燈罩，它的支撐結構是螺旋形的竹架，中間有金屬支柱，燈罩則是以薄紙覆蓋，這樣的燈具可能是一九七〇年代在家飾店購買的，也可能是透過BHS線上購物或在郊區的超市買到的。這些燈罩的歷史悠久，衍生自日本古老的折疊紙燈籠，最初是十四世紀從中國傳入的，在江戶時代（1603—1867）普及開來，到了一九五〇年受到日裔美國藝術家兼設計師野口勇的影響，而在西方世界流行起來。他在參觀日本岐阜縣的傳統燈籠製造廠後得到靈感，開始製作Akari系列日本和紙燈籠。當我們客廳裡那盞演變自岐阜燈籠的燈，在松木條紋地板和異國地毯上灑下清澈光芒時，或許我們會再次想起紙燈另一個讓人費解甚至誤解的地方：野口的大圓形紙燈罩從未在日本流行過。

居家環境的崇日情節也很明顯地反映在塗漆上，這種仿漆器的方法來自中國和日本，十八和十九世紀時開始在西方流行起來，用來裝飾紙型家具和精品。從床、衣櫃、梳妝台、洗手台、茶盤與古董架，突然之間，幾乎家裡所有物品都是由廉價的紙模型（papier-mâché）仿製出來的，再鑲嵌上珍珠母貝、轉印一些花卉圖案，並塗上純黑的漆料。十七世紀的發明家兼煉金術師波以耳⑥寫道：「繪畫和種種附有精美活動零件的浮雕作品裱框，如試驗所顯示，可能……依藝術家喜好，塗上或鍍上金漆或銀漆。」他觀察到，紙模型就像是一個可以隨時轉化成黃金的基本金屬。蒂芬尼珠寶公司在十九世紀末推出的紙型小飾品確實價格不斐，不過在紙製品中最怪異的非貴金屬寶物，可能要屬一八〇〇年教皇庇護七世加冕時那頂綴滿珠寶的紙模三重冕（papal tiara）。

在《牛津英語詞典》中，紙模型（papier-mâché）是指一種「由紙漿或將紙還原紙漿（通常還會與其他物質混合）的物質，然後塑造成型。」（字典還特別註明此字「不是源自於法文」，似乎起源於英國，原本是在造紙工人間流傳的）。這項技術在中國原本是用來製作頭盔，傳到日本與波斯後用來製作口罩，最終在十八世紀由英國的克萊（Henry Clay）發展成一個產業。他曾經當過鑄字工匠巴斯克維爾（John Baskerville）的助理，並且率先嘗試塗漆，在一七七二年取得一項將紙張黏貼在金屬模具上的專利。克萊的紙模型堅固耐用，而且能夠像木材一樣加以鋸刨，不僅可以用來製作鼻菸壺和小型古董，還可做成百葉窗和梳妝台，他甚至還為卡洛琳皇后打造了一台轎子。克萊的生產過程不斷發展，伴隨而來的是更加複雜的裝飾，到一八六六年時，《藝術雜誌》（*Art Journal*）對此現象加以譴責：「不智的廠商竟以為這些荒腔走板的色彩和珍珠貝殼是藝術的必需品」。現代的製造業者就聰明許多，像是荷蘭出生的德國設計師梅傑（Mieke Meijer）自創的

NewspaperWood品牌，史托維爾（David Stovell）的Sunday Papers報紙椅，還有其他設計師以打褶、編織和蓬鬆技法創作各種紙椅，意圖展現紙材本身的特性與美感。一九七〇年代率先製作紙板家具的蓋利（Frank Gehry）指出：「紙家具的好處是，如果你有哪裡看不順眼，只要簡單地把它撕下來，扔掉就好。」目前設計界讚頌紙的本質，但在十九世紀時卻是拿紙來仿製別的東西，製造一種優雅的假象。

## 壁紙

這讓我們來到最後一個主題：壁紙。（我們應當揭開其他也曾受紙產品模仿或佯裝的家庭用品之面紗，從桌布、窗簾、百葉窗到地毯都可能包含在內，至少地毯是肯定有紙模型的，這是由美國賓州匹茲堡的厚德許普造紙廠〔Holdship's Paper Mill〕製造的，根據一八二九年的《匹茲堡政治人》〔*Pittsburgh Statesman*〕記述，這些產品似乎是大型裝飾性的漆紙，銷售給非比尋常的富豪。）

牆面裝飾的傳統，至少可追溯到羅馬人與埃及人的壁畫和橫飾帶，而在那之前還有納米比亞石板畫、印度阿旃陀石窟的大量壁畫，以及在法國拉斯科（Lascaux）發現的舊石

⑥譯註：又譯為波義耳（Robert Boyle, 1627—1691），是愛爾蘭自然哲學家，曾任英國皇家學會理事，專精化學和物理研究。雖然他的想法帶有鍊金術色彩，但他的研究仍被視為化學史上的里程碑。波以耳闡明在溫度一定的條件下，氣體的壓力與體積成反比，日後此關係便稱為「波以耳定律」。

器時代繪畫。緊接在後的是壁掛的布料和織物，再來就是十五世紀的歐洲壁紙，看來像是布料的替代品，包含用來裝飾可動面板的木版印刷小方格紙（法國國王路易十一旅行時，都要帶著他印有天使圖案的壁紙）。第一個製造壁紙的國家幾乎可以確定是中國，但目前已知最早的壁紙，是一九一一年在英國劍橋的基督學院發現的，年代可以追溯到一五〇九年，可惜它只是在一則舊公告背面的木刻印刷版畫，看起來比較像是一張簡陋的海報，而不是真正的壁紙。十七世紀時紙製牆飾在英國蔚為風尚：之所以確定有這股風潮，是因為一七一二年政府開始徵收牆飾稅，「任何掛在牆上的裝飾，不管是畫的、印的還是染製的」都要繳稅，且隨即頒布偽造壁紙印花者處以死刑的罰則。

一八三六年英國廢除了壁紙稅，而在

根據中國的手繪原稿印製的二十世紀壁紙。

一八三九至一八四〇年間又發明滾筒式印刷機，這兩項因素促成十九世紀末壁紙的普及。薩格登（Alan Victor Sugden）和愛德蒙森（John Ludlam Edmondson）這兩位標準的壁紙歷史學家，估計英國在一八三〇年代每年生產的人工印刷壁紙大約有一百二十五萬卷，到一八七四年時，這個數字上升到三千兩百萬卷。壁紙無所不在。當福樓拜（Gustave Flaubert）在一八四九年爬上埃及的大金字塔時，他震驚地發現塔頂竟然有壁紙的廣告，「蠢人到處留下他們的名字：我看到以黑色字母印的『畢法，聖馬丁街七十九號，壁紙製造商』。」

王爾德（Oscar Wilde）隻身一人住在巴黎阿爾薩斯酒店一樓的房間時，說過一段廣為流傳的話：「我的壁紙正在謀害我的性命，我們之中勢必有一個要離開。」這間酒

莫里斯工作室印製的三色木板印刷壁紙（1897）。

店至今依然存在，房間也早已重新裝修過。王爾德後來其實死於腦膜炎，但至今世人還在笑談他所說的許多至理名言。

十九世紀的壁紙真的是會殺人的：添加含砷顏料的紙，慢慢毒害許多試圖在生活中增添亮麗色彩的中產階級和貧困家庭。本世紀最多產的壁紙設計師莫里斯（William Morris），對「砷恐慌」斥之以鼻，繼續在他搖曳生姿的植物圖案創作中使用這種顏料，雖然在他位於克爾史寇特（Kelmscott）的家中，偏好掛壁毯這種真實的東西。王爾德建議他人選擇「那些充滿鮮花與美觀設計的圖案，看了讓人賞心悅目的紙貼在牆上」，但在挑選他自己位在倫敦泰特街住處的壁紙時，卻選了仿皮革的日本紙，這是一種非常罕見、陰暗和怪異的紙。說一套做一套，難道真的是十九世紀唯美主義留給我們的教訓嗎？

壁紙是最具欺騙效果的紙，在設計時就意圖要呼應、模仿或暗示其他更昂貴的材料，如大理石或紡織品。據說一九一二年時布拉克[7]（Georges Braque）在亞維儂的一家商店中撿了一些木紋壁紙，用在那幅《水果盤和酒杯》（*Bowl of Fruit and Wineglass*）中，成為他第一幅備受讚譽的拼貼畫（papiers collés）。壁紙也可以將你轉移到其他地方。莫里斯要顧客想想：「難道日復一日，以假的樹枝和假花在牆上製造出假的花草陰影，會比簡單地用遮陽的葡萄棚架……或是皮卡第繁花錦簇的壁紙妝點牆壁好嗎？這些壁紙可以給你一點小小的暗示，讓你想到柯芬園之外的世界。」既置身於家中，又同時處於他方。甚至還有些壁紙是在模仿其他壁紙：模擬羊群的壁紙，這在模仿原本設計來仿擬天鵝絨牆飾的羊群壁紙

——這是一種壁紙無限的迴圈。一八九九年《藝術雜誌》（*Art Journal*）對此感嘆道：「所有面對自家設計裝潢問題的人，不管是幸運的，還是不幸的，勢必都曾經遭遇到選壁紙的困難。」壁紙的款式、顏色和設計都很多樣，這讓意欲選購者更加迷惑。或許大家寧願跟狄更斯小說《我們共同的朋友》（*Our Mutual Friend*, 1865）中的渡船工海克森一樣，選擇怪異但務實的方式來妝點牆壁，他家的牆壁上貼滿宣告死訊的訃文：

> 將一只裝著燈的瓶子舉起，靠近牆上貼著的一張紙，上面印有警方公告的標題：屍體尋獲。這兩個朋友讀著這張貼在牆上的告示，蓋弗一邊舉著燈一邊讀著告示……「看這裡」他將燈移到另一則類似的告示前，「發現他的口袋空了，從裡面翻出來。再看這裡」，他又將光移動到另一張告示，「發現她的口袋空了，從裡面翻出來。這是也是，那個也是。我讀不下去了，我也不想讀。我知道他們在這面牆上的哪個地方。你看，他們就是這間房間漂亮的壁紙，但我都認識他們，他們所有的人。我還真是見多識廣！

這種方式至少保留了紙的完整性和目的，想來阿爾伯斯地下有知也會瞑目。

⑦譯註：布拉克（1882—1963）為法國立體主義畫家與雕塑家。早期風格受印象派影響，爾後又受到馬諦斯的野獸派和塞尚的影響，開始關注起幾何與「同時透視」的效果，他將建築物簡化成簡單的幾何形體，在畫面上營造出平面又立體的效果，催生出立體主義運動，對美術史發展影響甚鉅。他於一九一一年開始和畢卡索共同實驗抽象拼貼畫。

# 8

## 祕密在於紙：藝術創作

繪圖只是在紙上做筆記……
祕密在於紙。

——伯格（John Berger），
〈紙上繪圖〉（*Drawing on Paper,* 2005）

▲底紋：模具切割出的數字，形狀由拿在一起的紙片所決定。

艾卡斯利（Tom Eckersley）的剪紙海報。

## 用紙創作的藝術家

當然，並非所有的藝術都發生在紙上。也不是所有紙上藝術都是紙的藝術。有些紙藝術在大多數人眼中可能根本稱不上是藝術，有人會喜歡豐塔納（Lucio Fontana, 1899—1968）的穿孔畫嗎[①]？或是馬塔—克拉克[②]的紙縫裁切？古德[③]的胡椒紙丸呢？克瑞德[④]的《作品88號：一張捏成球的A 4紙》（*Work No. 88, A sheet of A4 paper, crumpled up into a ball*, 1994）？還是——我個人十分喜歡這類型作品其中一件傑作——弗里德曼（Tom Friedman, 1965）的《凝視一千小時》（*1000 Hours of Staring*, 1992—1997），這件作品是讓觀者盯著一張32.5×32.5英寸的紙，你可能已經猜到，這是一張純白的紙，供人長時間凝視，可能就是身為觀者的你。（或更有可能是身為買家的你，盯著這張紙想要從中得到啟示和解答，

①譯註：豐塔納具阿根廷和義大利血統，最為人知的藝術貢獻在於一系列「割破的」畫布，他表示這「打破了畫布的空間。」他視其空間觀念為一種烏托邦形式，探求物質與空間、尋常材料與空洞之間對話。封塔納將刺穿畫布視為一種喚出的無限，聲稱「創造了無限的一個維度」。

②譯註：馬塔—克拉克（Gordon Matta-Clark, 1943—1978）為美國藝術家，最知名的作品是以荒廢的房子為材料，移去不同部位的「建築物剪裁」系列。

③譯註：古德（Joe Goode，1937—）為美國藝術家，嘗試結合傳統媒材與日常生活中的材料，由此尋求創作靈感。

④譯註：克瑞德（Martin Creed, 1968—）英國藝術家、音樂家，曾贏得二〇〇一年的英國文藝大獎泰納獎。他表示自己創作不是為了探究藝術概念，而是為了與人聯繫、溝通並且表現自我，因此他的作品是帶有情緒的。

好回答一個顯而易見的問題：「我到底買了什麼？」）若是不想要長時間瞪眼苦思，那至少讓我們快速瀏覽一下藝術史中的紙及其所擔負的角色。

在作品目錄集中常見到「紙上作品」（works on paper）這個字眼，通常是指一位藝術家的作品中，比較不完整或不重要的作品，多少帶有貶低的意味，暗示作品僅是在紙上看起來不錯，一旦進入現實世界，比方說轉換到畫布或青銅、大理石雕塑後，就沒有這麼好。畢卡索，紙上作品，聽起來怎麼樣？乏善可陳。那若是恰當的東西呢？那些大的東西——藝術（The Art）。當然也有藝術家主要是在紙的裡面或是透過紙來創作出高超的藝術品，而不是單單在紙上作業。比方說完全使用瓦楞紙板創作的蘭干（Mark Langan）和郝斯沃夫（Annika von Hausswolff）；瑞奇（Ron Resch）精巧的摺紙實驗；科克斯（Andreas Kocks）和珀爾曼（Mia Pearlman）的大型紙裝置藝術；希爾林（Oliver Herring）用彩色照片覆蓋人體所做成的照片雕塑。還有其他許多用紙創作的當代藝術家，事實上幾乎可說世界藝術正「轉向紙」，很多人都在用紙創作，多到讓我覺得在這裡不提他們實在是大不敬：布萊克韋爾（Su Blackwell）、寇勒森（Peter Callesen）、德蒙（Thomas Demand）、戴特蒙（Brian Dettmer）、君瑟（Amy Eisenfeld Genser）、娜恩培多克勒（Christina Empedocles）、介區（Franz Gertsch）、權五祥（Osang Gwon）、海菲爾德（Anna-Wili Highfield）、波姆伊・李（Bovey Lee）、盧茨（Winifred Lutz）、佩格勒（Jade Pegler）、史考特・羅斯（Andrew Scott Ross）、舒伯特（Simon Schubert）、呂勝中（Lu

Shengzhong）、西麗雅庫斯（Ingrid Siliakus）、西蒙斯（Bert Simons）、史塔雷克（Karen Stahlecker）、斯威尼（Richard Sweeney）、加古田（Kako Ueda）。上述都是知名的紙藝術家，不過我們還是得從藝術家的用紙開始談起。

在十九世紀初之前，所有藝術家用的紙都是手工製作的，當然這是因為那時所有的紙都是手工製作的，因此紙非常昂貴，十七世紀一令紙的價格相當於一週的平均工資：還在學徒階段的藝術家，多半都採用可擦寫的繪圖板來練習和磨練手藝，就連成名的藝術家也不太可能將紙浪費在單純的素描和繪圖上。那時候林布蘭（Rembrandt Harmenszoon van Rijn）、德拉克洛瓦（Eugène Delacroix）和小霍爾拜因（Hans Holbein der Jüngere）會在紙上畫油畫，但這些紙通常是貼在其他物品的表面上，而且紙絕對不是藝術家首選的材料，即使是在中國這個十世紀就出現紙專賣店（包括最有名的「澄心堂」）的國度。這自然突顯出一個重要的問題，這正是傑出的藝術史學家坎普（Martin Kemp）所謂的「材料問題」（die Materialfrage）：藝術家的創作在多大程度上會受到材料的影響？

和大理石或是寺廟、教堂的一大面牆不同，紙往往能讓藝術家進行第二、第三、第四、第五乃至於無限次的思考。達文西堪稱是第一位在紙上發展出獨特風格的藝術家，在十五世紀末他透過不斷地素描和繪畫，創造出藝術史學家宮布里希（E.H. Gombrich）所謂的「原畫再現的起伏跌宕」（welter of pentimenti）。在達文西之前的藝術家，是否在作畫時從未有過第二個想法？宮布里希這樣問道，試圖理解達文西紙上作品的龐大規模和草圖式的描寫。確實是有這樣的可能性，但或許純粹只是因為他們根本沒有這樣的材料可用，沒辦法讓他們先表達出來，然後將第二個想法保存下來，供後世的我們研究。就跟藝術委員會慷慨的資助一樣，紙同時提供給藝術家時間和空間，讓他們去發展自己的想法。達文西可能從三十五歲就開始隨身攜帶他著名的筆記本，學者估計，他每天至少寫個一兩頁，一寫就是三十年，留下驚人的六千張筆記和圖稿，全都遺贈給他的朋友兼學生梅爾齊（Francesco Melzi），據信流傳下來的僅是原作的五分之一而已。達文西並不只是在紙上思考，他根本是透過紙來思考。紙並不是其他作品的起頭而已，它本身就是作品。在一五〇八年三月二十二日的筆記中，他以他著名的鏡像體寫下：「而這系列是不按次序排列的，來自於我在這裡抄寫的許多頁，希望以後能根據合適的主題來安排它們的順序。」是紙讓達文西可以毫無節制、不按順序地實驗：是紙讓他現代化的。

達文西經歷到的，最終我們所有人或多或少也會經歷到。伯明翰（Ann Bermingham）在她的權威研究《繪圖學習：有禮且有用的藝術文化史研究》（*Learning to Draw: Studies in the Cultural History of a Polite and Useful Art*, 2000）中提出，紙是最重要的媒材，因為有它才發展出偉大的藝術、業餘的藝術，以及自己動手作（DIY）的主體性：「要談現代主體性的建構，就不能不談因為紙問世而啟動的資訊私有化和標準化。紙有助於創造一個新的發聲空間，在其中可以形成並表現出個體的獨特模式。」手拿一本精裝、螺旋裝訂的朗尼牌（Daler-Rowney）速寫本，或是一卷裁切好的紙，便能表達出自己的觀點：這就是在整部現代藝術史中不斷上演的故事。

## 用剪刀繪圖的馬諦斯

比方說一八九〇年在法國的聖昆廷小鎮上，有名二十多歲的年輕人，擔任律師的書記員，因為疑似罹患盲腸炎而送往醫院。他一直過著隨波逐流的生活，沒有目標，卻又不甘於此。他對律師辦公室沉悶的日常工作特別反感，在那裡他必須用毫無意義的文字來填寫無數張毫無意義的文件。他隔壁床的病人照著一張瑞士小屋的圖片描繪，以此自娛。這位病人告訴他繪畫有助於放鬆心情，勸他也該試試看，還熱情地說道：「最後，你還有個東西可掛在牆上。」年輕人聽了之後頗為心動，決定嘗試看看，就從速寫本和顏料開始。「從我將水彩盒握在手中的那一刻，就知道這是才是我要的人生……對我來說，這具有莫大的吸引力，好似發現了一座樂園，在當中我完全自由、獨立而平靜……。」這名年輕人日後自豪地表示《我的第一張畫》（*Mon premier tableau*）是一組放在舊報紙上的靜物和書。他在畫的一角寫上日期，並簽上 essitam, H—他將名字反過來拼寫。馬諦斯（Henri Matisse）與藝術的愛情故事就此展開。

日子一晃就是五十年，馬諦斯再次從一場大病中恢復過來。他半身不遂，通常只能待在床上或輪椅上。沒想到他生命中第二次的重病和療養反而激發出更大的創造力，比他第一次住院時還要多。第一場大病促使馬諦斯開始畫畫，第二次則引導他進入紙的世界。

在一九二〇年，馬諦斯就曾經以剪紙為狄亞格列夫（Sergei Diaghilev）的一齣芭蕾舞劇設計舞衣，並在一九三〇年代初期再度試驗這個媒材，但那時他只是將它們當作壁畫和雜誌封面作品的模型，直到一九四三和四四年間，他才真正開始認真看待紙這項材料。他在一九五〇年完成最後一件雕塑，在一九五一年畫完最後一幅畫，此後他將餘生完全投入剪紙。在一封一九四八年的信件中，他解釋道：「剪紙能讓我用色彩畫畫，這是一種簡化。」紙讓馬諦斯反璞歸真，回到他心之所繫之處：這是他的une seconde vie，第二人生。他寫道：「我花了這麼長的時間，終於達到這個暢所欲言的階段。」唯有透過紙，他才能訴說他想說的。

馬諦斯描述這過程是「用剪刀繪圖」，程序如下：首先，以水粉為紙上色，他選用的色彩十分明亮，醫生甚至建議他要戴墨鏡。接著，他會以剪刀剪出圖案和數字，同時保留剪掉圖像後，空有形狀的殘留部分。然後他會開始排列，或者說得更直白一點，是將這些剪紙貼在牆壁上：他喜歡將它們擺在自己周圍，甚至就睡在其間。「你看，因為我的健康狀況讓我不得不待在床上，於是我為自己做了一個小花園，在那裡我可以走動……有葉子、果實和一隻鳥。」馬諦斯位於旺斯的夢幻別墅，以及在尼斯的赫吉納（Regina）酒店下榻的房間，都布滿著剪紙，照片看起來就像是野獸派畫家盧梭（Henri Rousseau）的一幅畫。

《爵士》（*Jazz*, 1947）是馬諦斯第一件主要以紙為媒材的作品，實際上這可以說是一本書。（在藝術史上，造書的藝術家應當還要納入布拉克〔William Blake〕、魯沙〔Ed

Ruscha〕和勒維特〔Sol LeWitt〕，以及雜誌《窮・老・累・馬》〔*Poor. Old. Tired. Horse*〕，為了避免爭議，乾脆把提出解構概念的法國哲學家德希達的《喪鐘》〔*Glas*, 1974〕一書也納入——這是另一個受到忽視的研究領域，不過在此我們應當可忽略不計。）《爵士》裡面有不同顏色的剪紙，一旁則是馬諦斯手寫的文字，描述他對題材和新方法的想法：「一刀剪進鮮活的色彩中，讓我想到雕塑家切砍石頭的情景。」在晚年歲月中，他也將剪紙當作構思其他媒材作品的基礎，諸如彩色玻璃、陶瓷、布料和印刷。就連馬諦斯本人視為自己的一大傑作——旺斯的多明尼加修女教堂（Chapel of the Rosary of the Dominican）的各種設計，也是從紙和剪刀開始的。

不過真正讓馬諦斯充分表露藝術造詣的，其實是那些大片的水粉畫剪紙，這使他得以表現出藝評家休斯（Robert Hughes）所謂的「全面的色強度」：剪紙讓他既能全面伸展，又得以保持強烈的情感。在他著名的作品《田螺》（*L'Escargot*）、《藍色裸體一、二、三、四》（*Nu Bleu I, II, III and IV*），以及十六點五公尺長的《游泳池》（*La Piscine*）中，馬諦斯藉由紙這樣的媒材，達到完整的強度和全面的輕盈這兩種非凡的效果。他在一九五二年接受採訪時表示：「剪紙時，我有一種好似在飛行的感覺，這是你絕對無法想像的，這種飛行感幫助我更能調整我的手，並且引導我剪紙的路徑。」馬諦斯接觸紙後，顯然產生一種身體上的歡愉，這讓他終於克服了在他所有早期畫作中顯現的緊張和焦慮感，這點清楚展現在《對話》（*La Conversation*）[5]這幅作品中。他曾寫道：「我已經進入本質的形式了。」當然，評論家總是傲慢無理的。他們覺得這些作品過於童稚，在一九四九年的展覽結束後，有位藝評在法國文藝雜誌《藝術筆記》（*Cahiers d'art*）上問道：「我們真的需要關注這些剪紙嗎？」

## 紙拼貼

從顏料和畫布的需求中逃脫的藝術家，經常會投入紙張熱情的懷抱，正如馬諦斯本人最終從他的妻子艾蜜麗身邊逃跑，轉向他的創作及模特兒兼助手莉迪亞（Lydia Delectorskaya）的懷抱。事實上，若說現代藝術和雕塑的發展完全是衍生自藝評家格林伯格（Clement Greenberg, 1909 –1994）[6]所謂的「貼紙革命」（pasted-paper revolution）也不為過。格林伯格認為，二十世紀早期在創作中採用紙張拼貼的手法，將藝術從營造真實幻覺的裝飾中解放出來。舉個例子來說——雖然格林伯格並沒有特別舉例，但在這裡我們應當看看——在一九二〇年決定「刺殺繪畫」的米羅（Joan Miró）的行動。起初米羅只是將明信片貼在畫布上，隨意地表現他的反叛行為，不過到了一九三三年，他開始從目錄中剪下機械和工具的圖像，將它們貼在大張安格爾素描紙上。然後，他開始用這些剪紙所構成的圖形輪廓，作為他繪畫的模型：這帶給他啟發，讓他做出重大突破。米羅從自我表達和自發性的約束中釋放出來，他發現一條意想不到的途徑，帶領他走上晚期作品中模糊符號的語言，包含一套獨特的造型、標誌和線條。為了尋找藝術真正的語言和表達方式，米羅和馬諦斯一樣，不得不開始用起剪刀和紙。事實上，向來在參觀者前沉默寡言的米羅，一談到他收藏的粉彩紙、砂紙、柏油紙與毛邊紙等各式各樣的高級紙時，就突然變得口沫橫飛起來。紙為他帶來活力。

在米羅發展出他那套怪異符號前，以及在馬諦斯湧現他的色彩巨浪前，畢卡索當然也沒置身事外，早就展開對紙的探索，實際上他比任何人都更早經歷紙的階段。（後來又再度回到以紙為媒材的創作，他在一九六〇年代初期彎曲和折疊金屬所做的雕塑《女人》〔*Woman*〕、《站立的女人》〔*Standing Woman*〕和《站立的裸浴者》〔*Standing Nude*〕不僅和馬諦斯的剪紙作品相似，甚至可視為是向馬諦斯的作品和技術致敬。）畢卡索的朋友布拉克（Georges Braque）原先學習繪畫和裝飾，一九一二年左右開始製作紙板模型，可惜這些作品現在都已遺失或銷毀。善於將他人創意發揚光大的畢卡索，走得比布拉克更遠。他也做了自己的紙板模型——一把吉他，再用金屬片和線材為這個模型製作另一個模型，

⑤譯註：此畫約是在一九〇八—一九一二年間完成，畫面上是一對在藍色背景中迎面對話的男女。藝術史學家表示，這幅畫是馬諦斯描寫自己在跟未來的妻子表示，儘管他很愛她，但他更愛繪畫。

⑥譯註：格林伯格是二十世紀下半葉美國舉足輕重的藝評家，他的觀點影響該時期整個西方藝術界。他的藝術理論充滿現代主義，崇尚前衛，反對媚俗，他認為現代主義是針對消費文化的商業流行與廣告之反作用力。但後現代主義者則不以為然。

藝術史學家希爾頓（Tim Hilton）表示，這種作法「影響甚劇，掀起一場雕塑革命。……一舉改變以往的雕塑本質」。《吉他》（*The Guitar*, 1913）這件作品之所以具有革命性，是因為它是組裝而成的，而不是靠雕刻或其他工藝技術製作。組裝原則成了二十世紀藝術的標準作法，可以說從這些紙板模型中，發展出那些以現成品、沒有整理好的床，以及醃鯊魚為主題的藝術品。（可惜本書無法針對硬紙板在現代藝術發展中所扮演的角色多所著墨，但在此至少提出幾個值得注意的事件：約是在一九一六年時，發表達達宣言的波爾〔Hugo Ball〕在他於蘇黎世經營的伏爾泰歌廳〔Cabaret Voltaire〕夜總會中，會穿上一名達達藝術家查拉〔Tristan Tzara〕為他設計的紙板西裝，上面還寫著他自己的詩句；一九七〇年代羅森柏〔Robert Rauschenberg〕，在他的「紙板」系列中限制自己僅能以舊紙箱為材料；以及一九八八年由赫斯特〔Damien Hirs〕策畫的「凝固展」〔Freeze〕，這個堪稱是傳奇的展覽，後來掀起一股英國年輕藝術家的風潮，在展覽中策展人處理得最棒的就是那幾個裝在牆壁上的小紙箱。）

畢卡索和布拉克光是靠將紙貼在畫紙上的動作，就摧毀了藝術的幻覺和手作的吸引力，伯格（John Berger）認為他們「挑戰了整個資產階級將藝術視為珍品、將它與價值不斐的昂貴珠寶畫上等號的觀念」。以畢卡索的《男子與一頂帽子》（*Man with a Hat*, 1912）為例，是由三張長方形的紙組成，兩張是報紙，安排在一大張紙上，再用炭筆畫上幾筆暗示一張臉，看起來像是一種業餘的阿爾欽博托⑦的畫作，在一九一二到一九一四年間，他在畫布上黏貼樂譜、木紋紙、彩色紙、壁紙、名片、香菸盒、紙牌和火柴盒。繪畫特有的表面和空間錯覺就此結束。畢卡索解釋道：「我們試圖擺脫迷惑視覺（trompe l'oeil）的透視法，尋找迷惑頭腦（trompe-l'esprit）的迷魂術。」一九三〇年立體派在巴黎的畫廊舉辦拼貼作品展，阿拉貢（Louis Aragon）寫了一本論拼貼的小書《蔑視繪畫》（*La peinture au défi*），在書中他提到畢卡索，說「他的樂趣就是將一張舊報紙貼在紙上，再加上幾畫炭筆便完成了，那就是繪畫。」紙被用來暴露自身，揭露其幻覺。在這個意義上，剪貼畫（papier collé）採取的是一種解剖圖（écorché）形式，就像是維薩里⑧繪製的那些揭開皮膚、顯示肌肉運作的圖示。

那時立體派的紙拼貼技術蔚為風尚，德國的超現實主義畫家恩斯特（Max Ernst）進一步將它發揚光大，發明所謂的「拓印法」（frottage，將紙放在某個具有紋理的表面上，然後用鉛筆在紙上磨擦，拓出它的圖案紋理）；西班牙超現實主義畫家多明格斯（Óscar Domínguez, 1906—1957）則發展出模印（decalcomania）技術（將水粉畫畫在紙上後，

⑦譯註：阿爾欽博托（Arcimboldo, 1527—1593）是文藝復興時期義大利著名的肖像畫家，他的作品包括掛毯設計和彩色玻璃裝飾設計，特點是利用水果、蔬菜、花、書、魚等各種物體來堆砌成人物肖像。

⑧譯註：維薩里（Vesalius, 1514—1564）誕生於布魯塞爾的醫生世家，曾進入魯汶大學修讀美術，爾後又進入巴黎大學就讀醫學，並經常在巴黎的聖嬰公墓研究骨骼。身為解剖學家與醫生，他所編寫的《人體的構造》（*De humani corporis fabrica*）附有他親手繪製人體骨骼和神經的插圖，是當時人體解剖學的權威著作，他也因此被稱為「解剖學之父」，公認是近代人體解剖學的創始人。

壓印到其他物體的表面），幾乎所有二十世紀自負的各種前衛藝術家，包括達達主義（Dadaists）、字母派（Lettrists）和情境主義（Situationists）都加入這個行列。不過當中最引人注目的，也許是德國藝術家兼詩人史維塔斯（Kurt Schwitters），他超越任何主義、任何派別，在他的作品《梅爾茨》（*Merz*）中納入一切「可能的材料」組合，最後在《梅爾茨堡》（*Merzbau*，或稱《情色苦難大教堂》〔*Kathedrale des erotischen Elends*〕）中表露無遺，這當中有紙拼貼，以及用各種撿到的材料所做的雕塑，包含拉門、通道和石窟，這些作品占據了他在漢諾威家中的整個工作室，到一九三七年，他為了逃離納粹，不得不放棄這間房子。

## 備受青睞的創作媒材

藝術家偏好紙這種材料，顯然是因為它的價格便宜、容易取得，而且有很多種形式可供選擇，並且能夠容易地再製。在一九八〇年代末期和一九九〇年代的英國藝術家中，例如盧卡斯（Sarah Lucas），以剪報為材料來創作，其中一幅作品《你們這些討厭的傢伙》（*Sod You Gits*, 1990）當中，貼了一整版《週日體育》的放大影印頁面。而在博伊斯（Joseph Beuys）諸多限量生產的「複本」產品中，包含清單、信紙、箱子、影印文件、明信片、書寫紙、信封、薄紙、畫冊、攝影樣張、雜誌封面、唱片封套、傳單、遺囑、菜單、包裝紙、客戶意見調查表、報紙、表格、地圖、選票及各種尺寸的紙袋。博伊斯表示，他的複本具有「車輛」的特性，能夠攜帶意義和想法，主要概念是在強調每個人都是藝術家，一切都可能是藝術，特別是紙。

或許最令人驚訝的是，即使到了今天，紙仍然是許多激進和具政治色彩的當代藝術家的首選媒材。「我之所以選擇紙，是因為它很容易取得」，德國雕塑家德蒙得（Thomas Demand）表示：「這是一種『開放』的材料。我們每個人都對紙有相同的回憶，我可以用你的經驗讓你明白我企圖表達什麼。」從哥雅（Francisco Goya）、迪克斯（Otto Dix）與格羅茨（George Grosz），再到羅欽可（Aleksandr Rodchenko）、一九二〇和三〇年代的蘇聯海報繪製者，以及墨西哥和中國的革命藝術，和今日普潤納客（prinunakers）的作品（例子可見www.streetartworkers.org），在這些藝術家的紙上作品中，不論是影印、海報還是圖畫，不僅能夠從中輕易地構建出現代藝術的歷史，就連現代政治的歷史也都呼之欲出。一八三〇年代法國畫家兼版畫家杜米埃（Honoré Daumier），以石版畫作譴責國王路易・菲利普腐敗的宮廷生活，結果因此而入獄。不過在二〇〇八年美國總統大選期間，藝術家費爾（Shepard Fairey）在未經許可的情況下，以歐巴馬的照片製作出廣為眾人複製的《希望》海報，結果這位攝影師將歐巴馬一舉送進了白宮。歐巴馬的海報最初是由費爾雷以小批手工印刷，最後廣為複製，隨處可見，出現在標誌、傳單、貼紙和徽章上。這張海報具有一份直接、低技術門檻以及反時代的吸引力，一個勞工階級的人以刮刀在篩版上刷過油墨，便可製作出來，這項歐巴馬計畫的成果驚人。

紙，儘管具有種種可能性，依然是激進的。當代政治版畫家柯倫（Mathew Curran）說：「當我裁切模板時，我是在反抗機器。我就是刀，我就是紙。」藝術家阿爾卡拉（Daniel Alcala）表示：「我用剪紙這種費神而讓人著迷的技術，來強調製作的工藝，以及藝術家的直接參與。」再回到德蒙得，他說：「紙是種臨時註記的材料。是書面的或三維的，並不會造成很大的差別，……這是一個奇怪的東西，可以是任何東西的材料，但卻鮮少是它自身，……基本上它是所有材料中的『變色龍』（Zelig）[9]。」

[9] 譯註：此為伍迪．艾倫（Woody Allen）執導的一部電影，以偽紀錄片的形式，描述瑟里格這個人因為想尋求認同和討人歡心，而不斷模仿身旁人物的個性、身分和外型，轉變成自己的身分。

# 9

# 紙玩具和紙上遊戲

我喜歡玩的這個遊戲沒有規則。我只是拿起我的鉛筆，然後就這樣……

——維尼考特（D. W. Winnicott），

〈塗寫遊戲〉（*The Squiggle Game* 1968）

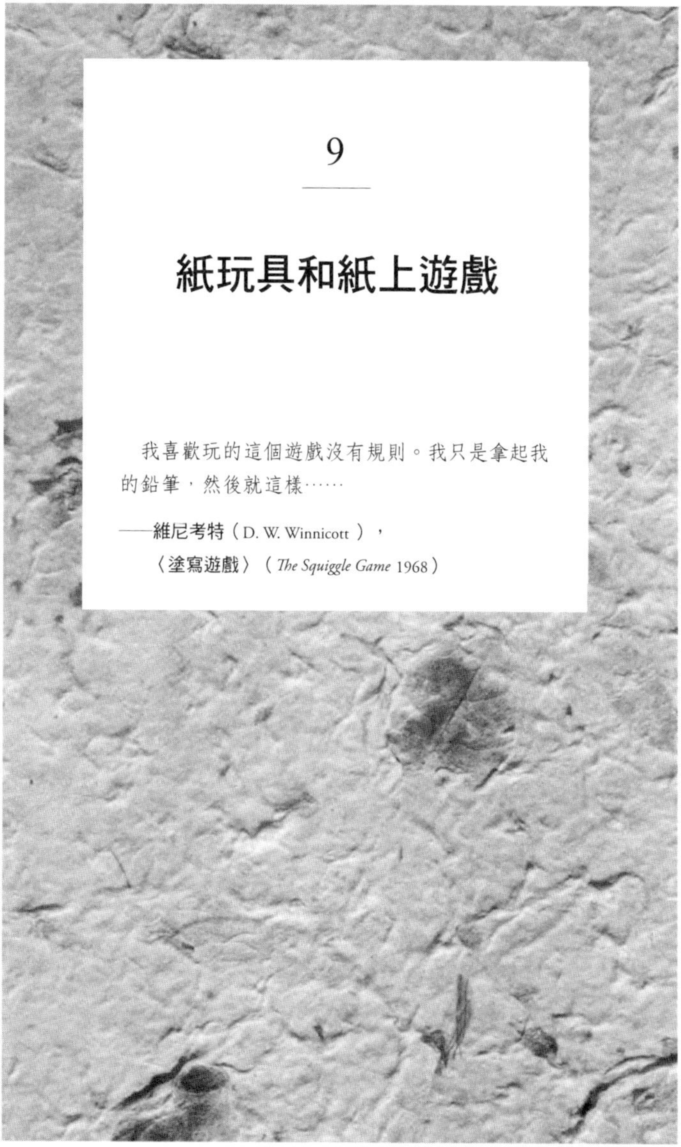

▲底紋：手工花瓣紙。

HOW TO MAKE YOUR OWN
LIGHTNING
You will need:
A balloon; wool clothing (such as a wool sweater);
a metal surface (such as a filing cabinet)
1. Inflate the balloon
2. Darken the room as much as possible.
3. Rub the balloon against the wool sweater about 10 times.
4. Move the balloon close to the metal surface.
The balloon is being used to create static electricity. A flash or spark
will jump, like lightning, from the balloon to the metal
MONOPOLY
COMMUNITY CHEST
CHANCE
GO

各種類型的紙上遊戲。

紙與玩具

留著滿臉鬍鬚、眼神狂亂的達摩，將禪宗佛教從印度傳到中國，並且傳授武術給少林僧人，據說他曾經面對一面牆打坐了九年。事實上，在經過這樣長時間打坐後，他的影像已經烙印在牆上，而他的腿也脫離了軀幹；和達摩的苦行相比，巴特勒聖徒的生活簡直就像是在公園裡散步。據說達摩打坐時曾累到點頭打瞌睡，清醒後他對自己的偷懶感到厭惡，隨即割下了他的眼瞼。當眼皮落地，茶樹奇蹟般地從中竄出，這就是後來在冥想時以茶葉提神保持清醒的典故。另外，據說達摩拒絕收一名門徒，除非他切斷自己的胳膊，以明心志。跟許多老師一樣，我也很想採用這種教學方法。傳聞梁武帝曾問達摩真相是什麼，這時他非常機智地回答，這世上沒有真相，只有永恆的虛空①。

在此，先讓我們回到九年打坐到腿萎縮的故事：這正好說明在日本紙型娃娃中，用以代表達摩的佛法娃娃，或稱達摩娃娃的，之所以都沒有腿的原因。它們是中空的圓形，重量集中在底部，像不倒翁一樣搖擺，不會倒下來，這正是當中的寓意所在。每年春季，日本各地會舉行祭典，販售這些受到祈福的娃娃，作為來年好運的幸運符。去年的娃娃則依儀式燒毀。佛教中的聖人就這樣，在成為傳奇之後，又轉變成注定遭到燒毀的紙型娃娃。

①譯註：此處應為《景德傳燈錄》卷三記載的梁武帝與達摩祖師之問答。帝曰：「如何是聖諦第一義？」師曰：「廓然無聖」。

玩具不僅是一種文化表現，也是文化適應的一個基本手段，我們透過玩具教導自己認識自我。文化理論家班雅明，除了收集玩具、文字遊戲、拼圖、益智遊戲、精美文具外，也收集他小兒子史戴芬的童言童語，他在幾篇關於玩具的文章中提問：「如果不是大人，還會有誰將玩具拿給孩子？就算孩子多少有一點權力接受或拒絕它們，在古老的玩具中有不少的比例……在一定意義上，就像祭典儀式一樣，是強加到孩童身上的。要到後來，部分是因為孩子的想像力，才成為玩具的。」——〈玩具與玩耍〉（Toys and Play, 1928）。

紙在這套強加和解放的雙向系統中發揮了核心作用，因為紙可以隨意塗寫，具有高度的靈活性，是打破所有儀式的一種儀式。我們身邊一直圍繞著當作玩具的紙和紙做成的玩具，從童年到老年，從兒童派對上的蒙眼貼驢尾巴與傳包裹遊戲，到《泰晤士報》和《每日電訊》的填字遊戲，從圖板遊戲到紙牌遊戲、神奇寶貝卡的謎題，從換裝紙娃娃到皮納塔[2]。如果玩具代表一種表達和自我表達的原始形式、一種安慰和再現的形式、一種具體而微的生命草圖和生活概觀，那麼，紙通常便是表達這種形式的一種方式。在日本有種遊戲叫「福笑い」（Fukuwarai），要求玩家蒙上眼睛，然後在一張印有空白臉孔圖案的紙上一一釘上眼、耳、鼻、嘴等部位，這遊戲概括了創意紙遊戲的所有要素，所以，現在我們一起來玩一下吧！

## 追逐紙

這一切得從追逐一張紙開始。（當然這和所謂的追逐文憑，或是一九七〇年代晚期一直播放到八〇年代中期的美國電視劇《力爭上游》〔*The Paper Chase*〕不太一樣，那部戲的場景設置在哈佛法學院，由老牌演員豪斯曼〔John Houseman〕飾演暴躁的教授金斯菲爾德〔Charles W. Kingsfield〕，在每集的開始都會朗誦一段令人難忘的訓誡：「對多數的你們來說，法律研究是全新的事物，你們毫無知悉，有別於以往你在學校裡學到的。法律可以自學，我是來訓練你的頭腦的，你來這裡時腦子裡裝滿糨糊，若是你能活著離開我這堂課，你就能像個律師一樣思考。」）

或許史上最有名的紙追逐，是發生在奈斯比特（E. Nesbit）的《鐵路旁的孩子》（*The Railway Children*, 1906）中，故事本身就是一場關於紙的追逐。在這本小說中——你或許會想起改編成電影《天下兒女心》裡的畫面——鐵路少年的父親被控販售國家機密，遭到判刑入獄，證據僅是在他的辦公桌上發現的一些信件。他的大女兒波比在偶然的機會下瞥見一堆文件（就是靠著這樣一丁點的機會，讓她在一張用來包裹的舊報紙中發現了這個祕

②譯註：Piñata源自於阿茲特克的宗教儀式，日後演變成墨西哥天主教在聖誕節及復活節的活動，最後逐漸成為兒童生日派對中一種趣味慶生遊戲。活動時用色彩鮮豔的色紙紮成各種形狀或人物，也就是Piñata，然後將它掛在樹枝上，讓蒙眼的小朋友拿起棒子敲打。若是成功打破，裡面的糖果便會掉下來，再分送給賓客。近年來也成為一種遊戲商品，許多商店都有販售。

密），而小說中最關鍵的一場紙追逐是在「兔子和獵狗」的遊戲中，孩子們在鐵路隧道中救出一位受傷的參賽者，而這位仁慈但不願透露姓名的「老紳士」在與他們結識後，願意協助找出釋放他們父親的辦法。於是，追紙遊戲解決了開頭因為紙張而引起的誤解，這樣的劇情幾乎就跟摺紙或是包禮物的形式一樣。（或許也可以說是一種紙詩學，或是亞里斯多德式的摺紙，一種折疊式的弗賴塔格三角形〔Freytag Triangle〕？以展開行動作為一種折痕，以危機和高潮當作疊合，結局則是以打開禮物的形式展現。）

我可以回溯自己與紙的淵源，那是在很久以前的家庭聚會和特殊場合中，那時我的外祖父跟隨納粹德國第一批盟軍部隊，前往德國西北部建立貝爾森集中營，沉默寡言的他，將所有的錢都押注在賽狗上，大家都很崇拜我這位早逝的外祖父，姐姐和我則會盡責地用他的黃銅捲菸機，以瑞茲拉絲（Rizlas）和金維吉尼亞（Golden Virginia）菸草為他製作一捲菸，這機器會將幾張報紙捲成管狀，從中截出一段，然後奇蹟般地拉出一個階梯形狀。外祖父管它叫「雅各的天梯」：「夢見一個梯子立在地上，梯子的頭頂著天，有神的使者在梯子上，上去下來……就懼怕說，這地方何等可畏，這不是別的，乃是神的殿，也是天的門。」（創世記二十八章，第十二節和十七節）[3]。就算這不是通往天堂的大門，至少也開啟了我通往紙世界的一扇門，讓我見識到紙張可以帶來無窮的樂趣和消遣，源源不絕，似乎沒有乾涸的可能。我還有一位叔叔總是會在聚會中表演穿紙術，另一位則會玩弄紙和梳子的戲法，我父親可以把水倒入紙捲起來的圓錐內，讓水消失不見。紙張很便宜，而且數量豐富，是日常生活中的魔法。

## 調劑生活的紙

魔術大師胡迪尼（Harry Houdini）在一九二二年出版《紙的魔術：紙藝大全，包括撕紙、摺紙和紙謎》（*Paper Magic: The Whole Art of Performing with Paper, Including Paper Tearing, Paper Folding and Paper Puzzles*），至今看來依舊是本精湛的集子，當中集結了聚會裡所有紙魔術的基本技巧（現在我才發現書裡收錄了之前在我家族聚會中所有表演過的把戲），胡迪尼將此書題獻給他的私人祕書薩金特（John William Sargent），他在書中寫道：「獻給一位讓我深懷感激的人，他帶給我許多歡樂時光，伴我進行有趣的對談，而且一直努力地讓我明白生命是一段愉快的旅程，而不是一場持續優勝劣敗的生存競爭。」透過遊戲、戲法和謎題，紙減輕了我們人生旅程中的生活負擔。

其餘就要看我們自己的配備，有上千種用紙取悅自己的方式，不妨試試塗鴉或是亂畫，在紙上揭露出自己。對設計出〈塗鴉遊戲〉（Squiggle Game）的兒童心理分析大師溫尼考特（D.W.Winnicott, 1896—1971）來說，當然這是為了激發進行心理治療的兒童談話，讓他們直覺地表達出思想和感情。也可以動手來玩填字遊戲，或是猜火車。要是有朋

③譯註：原文此處作者誤植為第十一節和十九節。

友的話，不妨來玩劊子手或是井字遊戲，最好是玩「豆芽遊戲」（Sprouts），這是由兩位劍橋的數學家在一九六〇年代發明的，非常簡單但絕對讓人不可自拔的遊戲，相比之下井字遊戲簡直就是小兒科；豆芽遊戲的規則及例子，請見世界豆芽遊戲協會網站（www.wgosa.org）。

在聚會或派對上，可能會玩打皮納塔（piñata）的遊戲，皮納塔不見得都是用紙做的，不過大部分的都是。（這個單字來自義大利文的pignatta，意思是「脆弱的鍋子」，確實可以用一只爛鍋子來當皮納塔，不過通常是用紙板做成的驢子造型，現在市面上還有一種醜陋的大眾版本，是中國製的辛普森人形玩偶，這個玩偶和兒童一樣高，裡頭塞滿了德國軟糖，充斥在市場上，與墨西哥傳統的紙雕皮納塔並列在架上。）

在玩夠皮納塔之後，讓我們回到客廳來做些紙模型或是換裝紙娃娃，我本人就有一套船塢組模型，是我打算退休後慢慢組裝的，我也很想添購一套梵蒂岡的微型模型。在日本，紙娃娃（姊樣人形anesama ningyo）的製作仍然相當流行，法國人也還保留他們的pantin這種小紙偶，當然還有曾經流行一時的紙芭比娃娃，和從兒童與女性雜誌上剪下來的紙人。英國在十九世紀初推出的第一個英式紙娃娃「小芬妮」，多數英國人至今仍記憶猶新。至於紙飛機，則是很後來的事了。

到了十九世紀中葉，至少在歐洲，紙玩具和遊戲製造業已經成長為一個產業，當時的種類琳瑯滿目，有窺視秀、環景圖以及立體書，還有著名的玩具劇場，這些迷你劇院的演員都是由印刷紙板剪裁、黏貼、著色、裝扮而成的，透過這些紙偶，一代又一代的孩子第一次見識到由想像力展現出來的表情。在許多名人故事、信件和回憶錄中，我們得知這些玩具劇場和戲劇孕育及激發出許多想像力，比方說在狄更斯的著作中（「從這裡，玩偶劇場流露出歡笑……幻想的世界充滿各種意味，包羅萬象，……而在白天我看到真正的劇院，黑暗而骯髒，裝飾著以稀有花卉製作的鮮花環，但一點都不吸引我」）；《愛麗絲夢遊仙境》的作者卡洛爾（Lewis Carroll），則在他位於基督教會的房間中展示他的玩具和小玩意；吉爾古德（John Gielgud）在一九一一年的聖誕節，收到一座精心製作的玩偶劇場，七歲的他從此對此迷戀不已，延續整個童年；小說家鮑恩（Elizabeth Bowen）則寫過一篇文章探討玩具對想像力的影響。

在所有作家當中，也許玩具對史蒂文森（Robert Louis Stevenson）最為重要，他從來沒有和居住在他內心深處的那個小男孩失去聯繫。在〈一分錢平淡，兩便士就充滿色彩〉（A Penny Plain and Twopence Coloured, 1884）這篇小短文中，史蒂文森回憶童年時他為自己的模型戲劇院添購紙人偶的快感：「觸及每一片紙偶時，都讓人驚鴻一瞥那些晦澀而美好的故事，這就像是在故事書的原料中打滾。」史蒂文森盛讚一家出版商製作的「史凱爾特」（Skelt）少年劇，他喜愛得不得了，甚至改稱所有真正的藝術作品為史凱爾特品（Skeltery），誕生在稱為史凱爾特國（Skeltdom）的國度裡：

我是什麼？生活是什麼？藝術、信件和這世界又是什麼？難道不是我的史凱爾特創造出它們？他一腳踩在少不經事的我身上。在認識他之前，世界索然無味，貧乏枯燥，認識他之後，很快就變得多采多姿，人生浪漫了起來……事實上，在這種制式、呆板、造作、突兀而不成熟的藝術中，我似乎學會享受生活的真諦……得到一組場景和當中的人物後，在大腦中的這座無聲劇院中，我可以上演所有的小說和羅曼史，從這些粗糙的剪紙中獲得持久和轉化的樂趣。

這正是見證紙的力量最動人的證詞，不過在文章的結尾，史蒂文森突然話鋒一轉（畢竟他是《金銀島》和《變身怪醫》的作者），以一個可怕的夢境來折磨自己：

有時我會夢到那全然不是一場夢。我似乎漫步在一條幽靈般的街道……那裡有家昏暗的店，屋頂壓得很低，散發出一股很重的膠水味和舞台腳燈的氣味，我發現自己和來自於墳墓塵土的偉大史凱爾特定下了合約。懷著一顆糾結到要窒息的心，我走進店裡，買下所有玩具劇院，除了啞劇之外。我付出我的心頭錢，結果當我打開一看，包裹裡的東西全化作塵土。

紙劇為所有人間戲劇做出總結，到頭來還是一場空。紙就像血肉之軀一樣。製作給兒童的玩具劇院，似乎是源自於戲劇版畫製造業，原先是製作供珍藏的演員影像。那麼《大富翁》（*Monopoly*）、《拼字遊戲》（*Scrabble*）、《英國十字戲》（*Ludo*）、《妙探尋兇》（*Cluedo*）、《猜猜畫畫》（*Pictionary*）與《棋盤遊戲》（*Trivial Pursuit*）呢？這些遊戲和玩具又代表什麼？從何而來？是怎樣開始的？穆雷（H.J.R. Murray）在堪稱是圖板遊戲的「標準牛津歷史」的《西洋棋外的圖板遊戲史》（*A History of Board-Games Other Than Chess*, 1952）中，收錄了兩百七十種遊戲，包括西藏的「密茫」（Mig-mang，據說類似象棋，但可能更為原始）、印度的黑白棋（Ratti-chitti-bakri），以及冰島的砍伐遊戲（Of an felling）等，並且推測這類遊戲的古老起源：

> 當烈日下的戶外活動太過繁重，或是在一天的工作結束後，滿足了家人的日常需求，人類天生想要成就什麼的衝動，還是會促使他採取行動，即便只是處理手邊的東西，不管是自然環境中的鵝卵石，或是家裡自製的物品，起初是漫無目的，但一旦集中注意力，就能發掘潛能，開發出新用途。

## 圖板遊戲與拼圖

正如我們之前看到的，在紙問世後，開發出新用途潛能的速度特別快，從新形態的廣告、新的藝術表現手法，乃至於新的思考方式。紙好比是肥料，將東西種植在其中，便能成長茁壯。幾百年來跳棋、西洋棋、飛行棋與數字棋這些圖板遊戲玩起來都很順暢，不論有沒有用到紙；但在十九世紀，隨著印刷與和造紙技術改善，特別是在一八七〇年代發明彩版印刷術後，圖板遊戲不僅大為流行，而且成為一種產品。

在美國，各地都出現了圖板遊戲製造商，如麻州的帕克兄弟（Parker Brothers）與布萊德利（Milton Bradley）、紐約的塞爾丘萊特公司（Selchow & Righter）以及克拉克索登公司（Clark & Sowdon），今日的圖板遊戲基本上都可以回溯到十九世紀彩版印刷、紙板盒裝的美國原型。以《大富翁》為例，這顯然是源自於過去的幾種遊戲：《壟斷者》（*Monopolist*, 1885）、《生命方格遊戲》（*The Checkered Game of Life*, 1860）、《幸福家園》（*The Mansion of Happiness*, 1843）和《多頭和空頭：華爾街聖

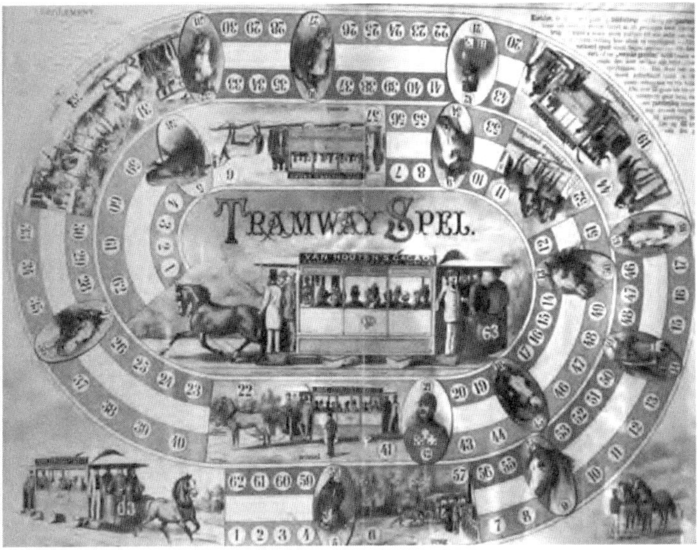

十九世紀末期的圖板遊戲。

戰》（*Bulls and Bears: The Great Wall St. Game*, 1883）。棋盤遊戲和一八八七年里德玩具公司製作的《世界教育家》（*The World's Educator*）十分雷同，那是一套包含兩千張印有各種問題的精美色卡，裝在一個堅固的木盒內。《拼字遊戲》則是來自《字謎》（*Anagrams*），諸如此類，不勝枚舉。所有的圖板遊戲都有雷同之處，仔細檢查比較後，相似性就無所遁形。

十九世紀末和二十世紀初稱霸美國圖板遊戲產業的，要屬麥克洛夫林兄弟公司（McLoughlin Brothers），它們在產品目錄上聲稱：「遊戲是每個家庭的必需品，家長應該要供應孩子充足的遊戲。遊戲不僅具有娛樂價值，也能指導和教育孩童。」有許多形式可以進行指導和教育，麥克洛夫林和其他廠商競相推出大量字母方塊、拼字遊戲和文字遊戲等，鼓勵識數、識字和傳統推理能力。此外，也有鼓勵競爭、殘忍和發揮大無畏美國精神的暴富遊戲，諸如《信差男孩或頒獎遊戲》（*Game of the District Messenger Boy, Or Merit Rewarded*, 1886）和它的各種變化版本，包括《電報男孩或頒獎遊戲》（*The Game of the Telegraph Boy, Or Merit Rewarded*, 1888）和《小義工遊戲》（*The Game of the Little Volunteer*, 1898）。帕克兄弟的《坑》（*Pit*, 1904）教導如何進行商品交易；奧特曼的《社交電話》（*The Sociable Telephone*, 1902）教導禮貌；還有羅德島遊戲公司的《大賽局：山姆大叔與西班牙之戰》（*The Great Game: Uncle Sam At War With Spain*, 1898）則在提醒美國兒童這個新興國家令人驕傲的歷史。

坦白說，應該就是這些用心良苦的教育功能，造成今天這麼多的圖板遊戲讓人覺得沉悶無趣，這也是為什麼我們多數人在聖誕節或其他節慶假日時，會寧願玩拼圖這種簡簡單單的紙板遊戲，而且感到快樂許多。小說家德拉布爾（Margaret Drabble）在她交錯複雜的回憶錄《地毯圖案：一段個人的拼圖史》（*The Pattern in the Carpet: A Personal History with Jigsaws*, 2009）中提醒我們，「在將這些小塊紙板依既定的圖案組裝時」，可以從中得到「極大的獨處樂趣」。在當中，她將拼圖歸類為一種「半手工藝」（Halbkünste），認為這介於「發呆怡情和國家經濟」之間。

事實上，德拉布爾本人也承認拼圖的起源帶有嚴肅的教育目的。現代拼圖的起源通常會追溯到史皮爾斯伯利（John Spilsbury）這個人身上，他在一七六二年擔任英王喬治三世的地理學家傑弗瑞（Thomas Jefferys）的學徒時，製作出一張剖面圖。年輕的史皮爾斯伯利迅速將他的長才商業化，把自己塑造成具有製作專業剖面圖能力的製圖師，形容此工作是「為了輔助地理教學，以木材雕刻和圖解地圖」。兒童文學史家諾西亞（Megan A. Norcia）認為拼圖確實是教導兒童地理時很重要的一項教具，特別是在英國這個具有龐大野心的帝國中。諾西亞認為拼圖一代又一代地幫助英國兒童認識「帝國的技能，諸如發現、收集、行政管理、組織和紀律。」或許在十八世紀末、十九世紀初，就已經出現想透過拼圖教導兒童認識帝國疆土的遠大目標，當時的拼圖是印在紙上，以手工上色，貼在約三毫米厚的紅木或雪松板上，比較像是一種工具，而不是玩具；不過到了一八八〇年，拼圖商多半以薄紙板取代木材；到一九三〇年代時，鋼製的定形裁切刀模取代了昂貴的鋼絲鋸或帶鋸等手工，足以進行廉價的大規模生產，終於讓拼圖成為物美價廉的可拋棄式娛樂商品，提供給所有人。拼圖史學家——真的有這樣的學者——威廉斯（Anne D. Williams）在回顧美國的「拼圖熱潮」時，可以追溯到特定的日期，那是在一九三二年的六月，當時麻州的佛羅倫斯預防牙刷公司在牙刷中附贈五十片拼圖，就是這個贈品引發了這股全國性的熱潮；到一九三三年時，美國的拼圖產業每週要生產千萬張拼圖，當中有家尤里卡曲線鋸拼圖公司（Eureka Jig Saw Puzzle Company）生產了一組巨型拼圖，一共有十五萬片，長約四公尺。

## 賭博紙牌

紙玩具和紙上遊戲可用於教育，進而建立和鼓勵社會規範、行為和理解，也可以自娛娛人，當然還可以拿來賭博。任何輕薄堅硬的片狀材質都可以用來製作紙牌，從金屬、皮革到木材皆可，十九世紀在維也納製作的鐵卡組，估計超過一磅重，在印度也曾以象牙、硬化纖維和珍珠母來製作卡牌。但若是要玩一場盤式橋牌，或迅速打一局卡納斯特（canasta），沒有什麼比得上一疊四角呈圓弧形、以特殊氣動原理壓製的雙面高品質紙牌卡來得好。霍夫曼（Detlef Hoffmann）在《紙牌：一段圖解的歷史》（*The Playing Card: An Illustrated History*, 1973）中注意到這正是紙牌的優勢，它們可以依照玩家想要的方式來塗色

印有巧克力品牌商標的拼圖。

或印刷，只須以卡上的某些點來顯示其價值；紙牌最明顯的好處是，它們也具有無限的可重複性：一種花色和另一種花色一樣好。不過經常出國度假的人可能會很吃驚地發現，世界各國的紙牌花色有很大的差異（西班牙和義大利用的是杯子、棍子、金錢和刀劍，瑞士則選用盾牌、花朵、鈴鐺和橡樹果，德國是心、樹葉，鈴鐺和橡樹果，而韓國有八個傳統花色：人、魚、烏鴉、野雞、羚羊、星星、兔子和馬，用來玩拉密牌一定很棒）[4]。在一些國家，每一花色有二十四張卡，甚至有超過百張的。日本紙牌遊戲歌留多（karuta），包括詠唱牌（uta-garuta）以及和怪獸配對的奪取牌（obake karuta），使用的紙牌數量更多。排列方法與遊戲變化無窮，但紙卡始終不變。

關於紙牌的起源，有這麼一個傳說，印度大君的妻子為了阻止丈夫一天到晚玩自己的鬍子，而發明了玩牌的遊戲；另一種說法則是，中國古代皇帝後宮嬪妃為了消磨漫漫長夜而發展出來的遊戲。可信度比較高的說法是，紙牌約莫是在十二世紀出現在中國和韓國，經由某種管道，也許是從印度或波斯再傳到歐洲，根據蒂利（Roger Tilley）在《紙牌史》（*A History of Playing Cards*, 1973）中的說法，在那裡，「事實證明人們對紙牌遊戲的喜愛具有高度傳染性，就跟流行病一樣到處傳染，無遠弗屆，疫情最嚴重的地區莫過於

---

④譯註：拉密牌的遊戲規則類似麻將，使用一〇四張數字牌及二張鬼牌，須依規則將手牌組成三張或四張同數字但不同花色的組合，或是三張以上同花顏色數字連續的組合。鬼牌可以代替任一數字牌，最先出完手牌的人獲勝。

天性好賭的俄羅斯，在十九世紀末期，那裡每天生產一萬四千四百盒紙牌。」佛洛伊德（Sigmund Freud, 1856—1939）在他一九二八年那篇著名的文章〈杜思妥也夫斯基和弒父〉（Dostoevsky and Parricide）中，將賭博本能與受虐傾向的犯罪行為連接起來，也許這是許多俄羅斯作家都具備的特質。（杜斯妥也夫斯基在一八六七年寫的中篇小說《賭徒》，就是為了支付賭債，顯然在巴登巴登賭博時，他不僅洞察了賭徒的心思，也觸發了他藝術家的頭腦。）十九世紀末期，美國的羅素摩根公司每天僅售出一千六百盒紙牌，但今日在擴大和合併全美其他紙牌公司後，已經成為全世界最大的紙牌製造商，每年銷售近一億盒紙牌。我們全都是受虐狂吧！這場紙源性的傳染病仍然在世界各地繼續蔓延。

若是不去打牌，大部分的人可存下更多錢財，這似乎是老生常談，但實際上若不打牌，我們不會有一毛錢，至少不是我們今日所認知的錢。正是為了要提供紙牌製造公司專用的紙張和油墨，印刷商才設計出一套防偽印刷系統，如今則成為貨幣、郵票、護照、官方文件和許可證的標準印刷方法。就此看來，對世界各地的受虐狂和賭徒來說，賭博還是產生了一些正面的影響，紙牌確實造就了金錢，不光只是害我們失去它。

一八三〇年出生在英屬根西島的德拉惠（Thomas de la Rue），曾經嘗試要以編織草帽為生，不久就發現實在難以靠這門手工業過活，於是和幾個夥伴赴倫敦創業，建立了「紙卡、熱壓與搪瓷」事業。拜紙牌之賜，他們的業務蒸蒸日上。（據說德拉惠的孫子為了紀念家族財富的來源，曾重新申請他們位於加多廣場房子的門牌號碼，改成五十二號。）為了在紙牌背面製作出相同圖案，以免玩家記住白色紙卡背面透出的痕跡來行騙，德拉惠開發出一種方法，利用緹花織機的「絲布」製作出「類似格紋」的線條。一八四〇年因為「改進白洋布和表面印刷」，以及將製卡方法應用在「銀行支票與票據、鈔票、郵局信封等高難度的發明」，而獲得一項專利。到一八五三年時，德拉惠接到英國稅務局的訂單，要為它們生產匯票和單據用的自黏印花稅票；一八五五年，他的公司生產出第一張郵票，到了一八六〇年，它們開始印製鈔票。一直到今天，它們還為一百五十個以上的國家印鈔。根據德拉魯公司的紀錄，在二〇一一年時，它們的稅前利潤已經攀升到五十七點七億英鎊（約合台幣兩千九百億），而在我二〇一二年五月寫作之際，該公司正忙著澄清它們預期希臘將離開歐元區，而開始重新印製希臘貨幣德拉克馬的傳言。為賭博而賭博，「為遊戲而遊戲？」（Le jeu pour le jeu?）[5]這真是再嚴肅不過的事情了。

⑤譯註：此句出自佛洛伊德那篇分析杜斯妥也夫斯基與弒父者的文章，杜斯妥也夫斯基本人曾解釋他不是為了贏錢而賭。原文是：L'essentiel est le jeu lui-même, le jeu pour le jeu，意思是這只是為了賭博而賭博，重點在於遊戲本身。

# 10

# 完美的身心治療法：摺紙與剪紙

摺紙並不只是一項簡單的藝術。在專家看來，這是一項手、腦、眼並用的挑戰，一種完美的身心治療法。

——**哈爾賓**（Robert Harbin），
《折り紙：摺紙的藝術》（*Origami: The Art of Paper-Folding*, 1968）

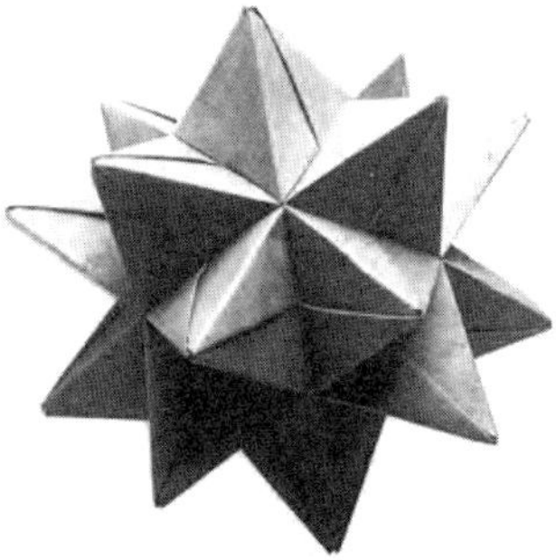

▲以棕色包裝紙摺成的立體造型。

## 歐本海默夫人——休閒摺紙的推手

一九九二年七月二十四日星期五，九十三歲的莉莉安・歐本海默（Lillian Rose Vorhaus Oppenheimer）夫人，這位土生土長的紐約人，於曼哈頓的貝斯以色列醫學中心過世，死因是心臟手術後的併發症。歐本海默夫人身後遺留下她與第一任丈夫克魯斯卡（Joseph B. Kruskal）的四個孩子，以及第二任丈夫哈利・歐本海默先生的四位繼子女，二十六位孫子女與三十位曾孫子女，她也長存在任何關注摺紙者的記憶中。

一般相信摺紙是一種古老的藝術，神祕地起源於日本，是很久以前的無名摺紙愛好者傳到西方的。事實上，我們今日認識的摺紙，是起源自歐本海默夫人位於曼哈頓格拉梅西私人公園內歐文酒店的頂樓公寓中，一九五八年她在那裡成立美國的摺紙中心。二十世紀的整部摺紙歷史，確實可以說是歐本海默夫人的故事，是一位紐約社交名媛走出悲劇人生、透過摺紙發現生命意義的一個感動人心的故事。或者，也可以說是一名特立獨行的猶太性學家，首開先例地研究一個毫不起眼的主題，著作成書，讓全世界關注起摺紙，但他極富爭議的意見和行為，卻讓他遭到他一手協助打造的摺紙圈的排擠，成為一篇警世寓言。這同時也是南非舞台幻術家在電視上折疊微小人物，而名聲不朽的傳奇故事。又或者是一則民間故事中的英雄人物，講述一位謙卑、自學成才的日本摺紙天才，如何在一連串的偶然與巧合中，從默默無聞的推銷員，找到生命的救贖。這些跌宕起伏全都是近代摺紙史中不可思議的史實，就跟小斜方截半立方體（rhombicuboctahedron）[1]或摺紙大師神谷哲著名的以單張摺紙做成栩栩如生、布滿鱗片的龍一樣，曲折動人。紙不僅可以拿來寫一齣戲，還能形成一齣戲；不只能夠講述故事，它本身就是一個故事。

一九二八年莉莉安第一次摺紙，當時她的小女兒動了一個大手術，住在醫院裡養病。那時莉莉安發現了兩件事，第一她多出了一些時間，第二她手邊有本當時流行的新書《摺紙趣》（*Fun with Paperfolding*），這本書是由莫瑞（William D. Murray）和瑞尼（Francis J. Rigney）合著，是第一本專門討論摺紙藝術和工藝的英文書。莉莉安在醫院等候室裡閒坐時，就摺紙、做些紙模型，等她女兒康復後，她們就回家了，莉莉安又開始忙於扶養家人的沉重家務。二十年後，當她的丈夫生病時，她再度被困在醫院的等候室中，再次玩起摺紙。丈夫去世後，她前往紐約的社會研究新學院（New School for Social Research）上手工藝課，在那裡跟一位年輕的德國女老師學習，這位老師曾受過幼稚園師資訓練，會教一些基本的摺紙技術。充滿熱情的莉莉安開始閱讀手工藝的書籍，並且結識了一些朋友，分享交流彼此的作品與想法，比起單調平板的「摺紙」（paperfolding）這個用語，她更喜歡充滿異國情調的日本術語origami（折り紙）。（在日文中，origami是由折〔oru〕和紙〔kami〕這兩個字組合而來的，原本專指折疊好的證書，而不是娛樂用的摺紙，但在日本

①譯註：在幾何學中是由正方形和正三角形組成的一種半正多面體，共有二十六個面，四十八個邊，二十四個頂點。

逐漸成為代表紙工藝的常見術語。）

一九五八年六月，《紐約時報》一篇文章介紹了莉莉安和她晚間的摺紙活動，之後便開始有人向她詢問課程並請求示範，於是美國摺紙中心就此誕生，位在莉莉安歐文酒店的公寓，每週一晚上和週二下午舉行摺紙聚會。和她一起參與摺紙的夥伴特姆科（Florence Temko）描述過：「在這些聚會中，莉莉安建立起摺紙精神，直到今天，全世界都是如此。我們一起摺紙，要是有人發現什麼新的摺法，或是做出新的花樣，都會和其他人分享。」晚年的莉莉安發現了自己的角色。一九五九年她協助籌畫美國第一個摺紙展，地點是在紐約的庫柏聯盟（Cooper Union）博物館，她開始發行一份報紙《摺紙人》（*The Origamian*），走訪世界各地，與全球的摺紙愛好者交流和通訊。她還是位木偶師，是大紐約地區木偶協會的創始會員，也是位業餘的口技表演者，並且與她的朋友「羊排」莎麗・路易斯（Shari 'Lamb Chop' Lewis）共同寫書。換句話說，她真的引領風騷，紅極一時。國際摺紙日選在莉莉安的生日十月二十四日來慶祝，確實是名副其實。毫無疑問，她的確是將摺紙發展成一種流行現代休閒活動的推手。

## 勒格曼——研究性學與摺紙的怪傑

至於特立獨行的猶太籍性學家勒格曼（Gershon Legman），他是第二代移民，於一九一七年出生在美國賓州的斯克蘭頓，他的思考方式自由奔放到令人瞠目結舌的地步。

他的興趣廣泛，十分活躍，據說是假陽具振動器的發明者，這項成就讓他聲名大噪，同時也惡名昭彰。他還曾為性學研究者金賽（Alfred Kinsey）工作過，並且在二十歲就出了一本書，而且書名讓人過目難忘《口交主義：挑逗生殖器之口交技術要覽——第一部：陰戶口交》（*Oragenitalism: An Encyclopaedic Outline of Oral Techniques in Genital Excitation. Part 1: Cunnilinctus*, 1940），還雄心勃勃地計畫要出續集。（他可憐的父母曾經希望他能當一位猶太教的拉比〔教師、學者〕。）警方突擊搜查出版商的處所，成功阻止《口交主義》上市。不過勒格曼仍執意堅持下去，發表了許多性行為和相關民俗的其他研究，包括《色書：情色民俗及其參考書目》（*The Horn Book: Studies in Erotic Folklore and Bibliography*, 1964）以及《髒湖的理由：性幽默的分析》（*The Rationale of the Dirty Lake: An Analysis of Sexual Humor* 1968）。

據說是在一場事故發生後，勒格曼才開始有了摺紙這樣的嗜好——關於他的傳說真的不可勝數——但即使只是娛樂，他仍抱持著與研究性愛相同的熱情和決心。他研究歷史和當代世界各地的摺紙，並在一九五二年出版他彙編的種種發現。他將標準的四角摺紙命名為「薄煎餅」（blintz）（不過他似乎把他所謂的薄煎餅與「炸餡餅」〔knishes〕混為一談，「薄煎餅」是一種捲起來的煎餅形狀，而「炸餡餅」看起來有更多折疊），在一九五〇年代，他在日本找到一位名不見經傳的摺紙師，名叫吉澤章，並將他的作品引介到歐洲。

勒格曼在摺紙神殿的地位因而確立——除了他又和其他摺紙同好鬧翻，成為摺紙家族的害群之馬。他的傳記作者布洛特曼（Mikita Brottman）表示，他因為「一個折不好的角落」的爭論而向美國摺紙協會辭職。另一位從格里姆斯比退休的律師李斯特（David Lister），出乎意料的是當今世上西方摺紙歷史的權威，他對此輕描淡寫地表示：「很不幸的是，勒格曼往往採取太過強悍的個人風格。」勒格曼的朋友，作家克樂隆・福爾摩斯（John Clellon Holmes）則形容他是「發瘋的成吉思汗」。如果說歐本海默夫人是摺紙之母，那勒格曼無疑是摺紙的那位任性叔叔。

## 吉澤章——自學成才的日本摺紙天才

那沒沒無聞的摺紙師吉澤章，後來的際遇又是如何？折出那條紙龍的吉澤章，堪稱

紙龍。

是現代摺紙的曾祖父，由此建立出諸多摺紙傳統。出生於農家的吉澤章，在決定擔任專職摺紙師之前從事繪圖工作，並且專研佛學，靠著挨家挨戶地推銷調味品和小吃維生。一九五一年，年屆四十的他應日本知名攝影雜誌《朝日畫報》的編輯之邀——這份雜誌相當於美國的《生活》雜誌——製作了一些紙模供他們拍攝出版，此後他的名聲便漸漸流傳開來。一九五三年，勒格曼和他聯繫上，並協助他在阿姆斯特丹辦一場展覽。一九五四年，吉澤章出版他的第一本書《新摺紙藝術》。他和另一位摺紙藝術家蘭德列特（Sam Randlett）共同建立一套國際通用的摺紙符號系統：吉澤章—蘭德列特圖解摺紙記號系統（Yoshizawa-Randlett system），當中有許多今日大家所熟悉的小箭頭和虛線。他還開發出所謂的「濕折法」，這種摺法顧名思義是要將紙打濕，而最重要的是，他製作出精美的紙模型。他最具代表性的作品是一隻大猩猩，讓人看了嘆為觀止，奇蹟似地呈現出小金剛的完美比例。一言以蔽之，他確實是名偉大的藝術家。

## 哈爾賓——著迷於摺紙的南非魔術師

現在讓我們再加上現代摺紙之父的身影，來完成摺紙家族這幅怪異的全家福吧！他就是戴著眼鏡、頂著禿頭的南非舞台幻術家哈爾賓（Robert Harbin）。我得承認我個人對他特別感興趣：很久以前，早在購買小說或任何小巧的詩集之前，我購買的第一本書便是哈爾賓的其中一本摺紙介紹：《摺紙三：摺紙藝術》（*Origami 3: The Art of Paper-Folding,*

1972）。我錯過了《摺紙一》和《摺紙二》，但十來歲的我深受那本書的吸引，對於不用工具，只要靠著手上這本《摺紙三》便幾乎能從無到有地創造出東西，感到莫大的興趣。《摺紙三》的封面是一對在沙地上爬行的豔綠色烏龜，彷彿是剛從原始沼澤中誕生的新生命。放學後我也很喜歡看電視上播放哈爾賓的一系列《摺紙》節目，這讓我得到許多靈感。

哈爾賓是一位對摺紙術和摺紙秀著迷的魔術師，他所著的《紙的魔術》（*Paper Magic,* 1956）是英語世界中討論這類主題的先驅之一。他結識了勒格曼和歐本海默，並且與吉澤章通信，成為英國摺紙協會的第一任會長。他是摺紙界的權威，但在電視上，他只是坐在一張桌子後，對著攝影機親切而直接地講解摺紙的步驟。他逐步解說，讓人聽起來覺得很容易。看著哈爾賓的節目，讓我明白，摺紙以一種有深度的方式讓事物變得更小、更簡單，而當時青春年少的我，也許就跟許多青少年一樣，希望自己變得簡單渺小，幾乎能夠消失於無形，最好能夠將自己折疊、包覆起來，成為另一個不同的人，一個僅展現本質的東西。不幸的是，即便我可以參考哈爾賓的書，我很快就發現，在一九七〇年代的埃塞克斯，根本沒有摺紙專用的紙可供練習。事實上，當時家裡幾乎沒有任何紙。父親偶爾會從辦公室偷帶一點A4紙回家，我就將這些紙裁成正方形，但這種紙太厚，顏色又過白，根本無法做出讓人滿意的紙模型；後來我發現複寫紙好折多了，只可惜會把手染成藍黑色。因此在整個七〇年代中期，我獨自一人和這些紙張進行漫長的戰鬥，折出一隻隻又髒又容易損壞的海豚、鳥和狗，以及各種古怪但沒什麼用處的小盒子。我始終沒做出哈爾賓的那隻烏龜。

歐本海默、勒格曼、吉澤章和哈爾賓，其實只是摺紙史中一部分奇人異士而已，還有很多其他令人吃驚、甚至意想不到的人物，諸如愛摺小紙鳥（parajitas）的西班牙小說家兼哲學家烏納穆諾（Miguel de Unamuno）；改行當摺紙師的阿根廷飛刀雜技名演員賽爾賽達（Adolfo Cerceda），著作等身，但是像媽媽一樣親切，可說是每位摺紙初學者的好朋友的特姆科（Florence Temko）；博學多聞的科普作家加德納（Martin Gardner），長年在他《科學美國人》的專欄中推廣摺紙；為《每日快報》繪製寶貝熊魯柏（Rupert Bear），廣受大眾喜愛的插畫家兼漫畫家拜斯特爾（Alfred Bestall），他在歷年的魯柏熊年度特輯中都會加入一頁教小朋友摺紙的圖解；強調樸實無華的史密斯（John Smith），在一九七〇年代提出了現在所謂為「淨宗摺紙」（Pureland origami）的概念，僅以最簡單的摺法來摺紙；令人難以置信的羅伯特・朗（Robert Lang），曾經是研究型的科學家，後來轉行成為專業摺紙師，並在一九八〇和九〇年代帶動精密摺紙的新浪潮，採用雷射切割機來製作折痕，並以他專用的摺紙軟體設計作品；當然還有在廣島遭受核彈炸毀後倖存的小女孩佐佐木貞子，她因為輻射汙染而罹患白血病，在醫院垂死之際，折了一千隻據說能帶給她好運的紙鶴，而她的朋友和同學為她在廣島的和平紀念公園建立一座紀念館，直到今天依舊有人在這裡摺紙鶴來追憶她。

## 摺紙的用紙

談夠了人，那紙在這段歷史中又扮演怎樣的角色呢？首先要說明的是，用來摺紙的紙不是普通的紙，這點我在十幾歲時就發現了。普通紙通常是呈長方形，而摺紙用紙一般都是正方形。（退休律師李斯特曾說，之所以用方形紙來摺紙，不僅是因為正方形具有獨特的幾何性質——哪個形狀沒有呢？——也因為正方形具有相同的幾何比例，所以方形紙所摺成的圖案和模型比較容易流傳開來；摺紙的方形特質，可說是是它廣為流傳的原因。）普通紙為白色，摺紙用紙則有多種花色；普通紙在大街小巷的賣報亭或文具店就可以買到，摺紙用紙大多是在日本或是網路上才買得到。在西方世界，最廣泛使用的摺紙用紙是kami，這種紙都是一包一包地販賣，紙張超薄、呈現方形、沒有塗層，長度有六吋或十吋，一面有花色，一面則是白色。這就是多數西方人印象中的傳統摺紙用紙，而且就跟與多數的傳統——英式農夫午餐、聖誕樹，甚或是聖誕節本身一樣傳統。（每個人都知道是維多利亞時代的人發明了聖誕節，但更準確的說法是，他們發明了以廉價紙製品製作的農神②、聖誕卡、拼圖、紙板遊戲和裝飾品來慶祝聖誕節。是紙創造出聖誕節的。也是因為有紙，於是才有摺紙這項活動。

在美國自然史博物館擔任策展人的昆蟲學家格瑞（Alice Gray）是莉莉安的朋友，過去一直用摺紙來裝飾博物館內的聖誕樹，如今這棵摺紙聖誕樹成了博物館的傳統。格瑞在她的著作《摺紙的魔術》（*The Magic of Origami*, 1977）中，加入了聖誕飾品的摺紙，這部分相當精彩，不過特姆科更勝一籌，出了一本囊括全部節慶裝飾的《摺紙節慶裝飾》（*Origami Holiday Decorations*, 2003），其中包含猶太傳統的光明節（Hanukkah）及非裔美國人的寬扎節（Kwanzaa）所用到的各種紙飾。

kami這種非傳統的西方紙——在日文中泛指任何類型的紙張——似乎已開發出兒童用紙，而且很可能是來自於福祿貝爾幼稚園所使用的類型。十九世紀德國的教育家福祿貝爾（Friedrich Froebel）相信可以用一些他所謂的「恩物」（gift）和「勞作」（occupation）在遊戲中教育孩童。這些恩物主要是積木、球和棒子，而勞作則是以這些恩物和其他材料（包括豆類、種子、鵝卵石與和串片）來認識固體、平面和線條屬性的活動。摺紙（Papieifalten）便是其中一種手工，是設計用來教導孩童認識面的概念。狄更斯在一八五五年的《家常話》（*Household Words*）上熱情地介紹新型的福祿貝爾教學法，對紙特別多加著墨，他寫道：「在幼兒園的剪紙活動中，產生了種種圖案，雖然是由孩子們小小的手做出來的，在設計學校裡卻仍舊得到許多讚賞。」福祿貝爾幼稚園所用的紙，通常是一面藍一面白，這樣的對比很有用，可以協助孩子認識幾何和形狀，而且一面無色也比較便宜，這點其實很實用。日本的第一間福祿貝爾幼稚園是一八七六年在東京開設的，恩物

②譯註：農神節原是古羅馬的祭祀活動，一般是在十二月十七日至二十三日的冬至時間祭奠他們的農神Saturnus。帝國時期在農神節期間，所有的買賣都停止，奴隸獲得暫時的自由，人們互相交換禮物。

和勞作的想法——包括摺紙在內——影響了日本的教學法和教育哲學的發展。摺紙可說是一種殖民主義的反摺（reverse-fold colonialism）例子，首先從德國千里迢迢地傳到日本，再從日本又傳回西方世界。

認真一點的摺紙者，就像所有認真的人一樣，都傾向採用專門的設備來進行他們的藝術創作，在這一點上作家倒是例外，他們通常只要有原子筆和信封背面就心滿意足了。絕大多數的摺紙專用紙並不是由木漿製成的，而是採用其他植物纖維，製程中沒有經過化學處理，也未經過粗暴地搗碎與研磨，也未添加能夠結合並增強木材細胞的木質素，這種化學化合物會使紙張變黃、變脆。最經典的摺紙專用紙是日本的楮皮紙（kozo）和雁皮紙（gampi）、韓國的韓紙（hanji）、尼泊爾的手工羅塔紙（lokta），以及泰國的雲龍紙（umyu）。歐洲的摺紙者特別喜歡使用一種桑德斯象皮紙（Zanders Elephant Hide），它的磅數約在110gsm上下（標準影印紙的磅數是在70—80gsm之間，而卡片紙是120gsm），不僅具有堅固耐用的特性，還有羊皮紙般的質感，張度強，而且摺痕持久，這意味著每一道折痕都可永久保持。

我曾買了十幾張這種紙，一張約十英鎊（約台幣五百元），我根本不敢拿來摺紙。等我死了以後，我想用桑德斯象皮紙將自己包起來，裝在一副紙棺材內（一家在布萊頓的公司開發出這種稱為生態膠囊〔Ecopod〕的棺材，是由回收報紙製作的，最後再飾以一〇〇%的桑紙漿，每具棺材都有背帶和印花布的床墊，我個人偏愛以印度紅為底，然後加上網版印刷的阿茲特克太陽圖案）。

若是要折出吉澤章的那種軟摺痕和曲線，必須採用濕摺法，這便要用到特定類型的紙，這種紙在製程中會大量上漿，潮濕後便會溶解，增加紙的可塑性和柔軟度，但不會濕透。標準水彩紙可說是好用而便宜的濕摺紙，你可以用布把它弄濕，然後依你平常的摺紙方式來做。羅伯・朗（Robert Lang）開發了一套便宜的DIY方法來製作具有彈性和延展性的紙，以此摺出精細複雜的紙模，這需要一捲錫箔、一些棉紙和完稿噴膠。朗把這種紙叫做「布箔」，一旦開始始用，你就回不去了。

但還是有可能走得出來。生性蠻幹、作風強悍的人，在探索摺紙的種種可能性時，似乎很自然地會走上剪紙一途，儘管就摩尼教義來看，剪紙在邏輯上和摺紙是相反的，這之間存在一個可怕的對稱關係。摺紙是在減少面積，但剪紙則是增加周長。摺紙崇尚聚集，剪紙則造成分離。就跟摺紙一樣，剪紙也在世界各地演變，所以具有一段充滿變異和相似的全球史，只是尚未有史家寫出一部完整的世界剪紙史。日本有切り紙（kirigami），中國有剪紙，西班牙則是papel picado，德國是Scherenschnitte，波蘭是wycinananki，印度有sanjhi，而在猶太家庭中，傳統上有剪紙做成的婚約ketubah和指示祈禱方向的剪紙牆匾。這些都是傳統的剪紙形式和作法。當代最有成就的剪紙家萊恩（Rob Ryan），他的作品經常出現在《*Elle*》、《*Vogue*》雜誌、書籍封面以及英國滅跡合唱團（Erasure）遭人遺忘的專輯《夜鶯》（*Nightbird*）上，他曾解釋之所以訴諸於剪紙這種形式的原因：

對我來說，剪紙意味著盡可能地剝除一切，當中沒有調性，沒有顏色變化、沒有鉛筆記號、沒有筆觸，只是一張用剪刀破開來的紙。在這之內，便是我的畫面；我的訊息與故事，是以剪影來構成。……我們其實只是在分享一個故事，而我的作品則是一再地覆述這個故事。

## 安徒生的剪紙

另一位一遍又一遍反覆訴說故事的藝術家是安徒生（Hans Christian Andersen），他的童話故事享譽世界，但很少有人知道安徒生也是非常沉迷於剪紙的。在他流傳至今的兩百五十幅剪紙作品中，可見到他獨樹一幟的風格和傑出廣泛的題材，精彩程度足以和他的故事集相媲美。在安徒生小時候，父親曾為他做了一個有許多紙偶的玩具劇場，安徒生在自傳中提過，為這些紙偶做衣服是他「最大的喜悅」。就某種意義來看，這其實成了他一生的工作：以他編造的故事來塑造紙張。出身卑微的安徒生，極度地自我迷戀，永遠渴望被他人認同接受，終身未娶，也從未有過孩子，甚至從未擁有一棟自己的房子，生活勉強稱得上是個正常人，但對於為聽眾講演他的故事，熱愛的程度高於一切事物。在他說故事的同時，他會剪出當中的人物，來表演他說的內容，這應當算是一種紙的表演藝術。一位見過他說書的人回憶道：「當他講完故事後，他會在我們面前攤開一整串的芭蕾舞者。若是他的作品成功，安徒生會很高興；當我們對他的故事印象深刻時，他會很開心；但我們對這些剪紙讚美時，會讓他更開心。」剪紙所能傳達的，也許是他在故事中永遠表現不出來的。事實上，安徒生在他所寫的一首憂傷的小詩中，自我解嘲地寫道：「在安徒生的剪紙中，你看到他的詩！」真的是如此！他剪紙中風格獨具的天鵝、高腰舞者、骷髏耳環、咧嘴而笑的頭骨、畸形的心、絞架和宮殿，這一切都出自他的童話故事，但他卻把它們做得生動不已，展現出個人特色。

安徒生只用白紙來剪紙，賦予這些作品幽靈般的特質，帶有暗示性，或是一張張其他世界的底片，或是隱匿於內心深處的情感世界；紙再度提供了一座重要的橋梁，進入人的內在，進入我們內心深處無邊無盡、難以成文的邊境。在他的創作手法和夢幻的風格中，安徒生實際上是反剪影的。輪廓畫或剪影是十八世紀和十九世紀早期最普遍的一種肖像畫，那時也稱為陰影圖、陰影、輪廓微縮模型、陰影畫、投影圖、剪影、黑影，或簡單地稱之為肖像。英文中的silhouette（剪影）一詞源自於法王路易十五命運多舛的財政大臣席維特（Etienne de Silhouette），他試圖徵收富人稅，甚至要求王室樽節開支，在一七五九年上任後，他總共只任職八個月。之所以使用他的姓氏（silhouette）來形容剪影這種黑色的輪廓像，可能是因為這位「剪影」大人十分吝嗇，而剪影這種肖像畫非常廉價，所以在法文中衍生出à la silhouette一詞（意思為貪圖便宜），或者也可能是指剪影大人短暫的政治生涯，或是指他喜歡製作自己的剪影。無論這個詞的淵源為何，剪影這門藝術其實非常久遠，可以追溯到可憐的「剪影」大人之前、希臘陶器上的黑色輪廓。據說第一個剪影是由科林斯少女（Maid of Corinth）迪布塔德（Dibutade）所做，她是科林斯陶工的女兒，根據老普林尼的說法，她將自己由燭光打在牆上的側影描繪下來[3]。

## 肖像剪影

面相學家拉瓦特（Johann Kaspar Lavater）十分熱愛剪影，就跟對其他許多事物一樣，都抱有極大的熱情，在他的暢銷書《面相短文集：旨在促進知識和人類的學問》（*Physiognomische Fragmente zur Beförderung der Menschenkenntnis und Menschenliebe*, 1775—78）中，他描述剪影「可以帶給人最真實的表現」。身為一位剪影熱愛者，或許也正是因為如此，拉瓦特變得過於誇大其詞。為了要創造出完美的機器剪紙，他精心設計出一套流程和建議，要使用縮圖器和專用紙（「應該要用信紙，或者更精確地說是用充分乾燥的薄油紙來取影」），但是剪影很快就淪為一種廉價有趣的雜耍娛樂，成為街頭藝人或小販在一兩分鐘之內就可搞定的通俗藝術。事實上，剪紙藝術中的剪影最後變得十分卑微，這讓收藏家寇克（Desmond Coke）在他的著作《剪影藝術》（*The Art of Silhouette*, 1913）中煞費苦心地指出——原文還以斜體字強調——「上乘的剪影根本不用剪刀。」寇克指出，十八世紀倫敦河岸街（Strand）上開業的剪紙界「四大巨頭」邁爾斯（John Miers）、比塔姆（Isabella Robinson Beetham）、羅森堡（Charles Rosenberg）與查爾斯（A. Charles），都將他們的肖像畫在紙卡、玻璃或石膏上；不過寇克也不得不承認，最有名的剪影家艾杜華（Auguste Amant Constant Fidèle Edouart）確實是用他所謂低下的剪刀和紙在創作。

艾杜華相當於剪紙家中的凱許[4]，這位自稱「黑影人」的外地人曾寫道：「這些肖像的美，存在於它所保存的死黑色，由此組成了紙。」（倫敦國家肖像藝廊進行的研究發現，艾杜華使用的紙是經過骨黑和普魯士藍等顏料處理過，加入這種藍色，更能彰顯出黑色的黑。）一八一四年艾杜華從法國來到英國，經過十多年的磨練，他的藝術造詣臻至完美，他的智慧也更上一層樓——他的其中一組肖像作品，是巴克蘭夫婦與他們的兒子在檢閱自然史藏品[5]，真的是讓人大開眼界——後來，他便前往美國。艾杜華的技法始終保持一致，而且十分簡單：他會對折他的紙，讓黑色的那一面在裡面，這樣就有了兩張一樣的，將其中一份保存在相本中，供日後參考，然後他會在紙上做個速寫，拿起小而尖銳的長手柄刺繡剪刀開始剪裁。完成後，他有時會修一下紙的邊緣，凸顯黑白之間的對比，或是將剪影貼到一個合適的背景上（像是繪圖室、戰場或海景等圖像上）。讓艾杜華開心的是——他並不是個謙虛的人——他在美國也闖出一片天下，他是剪紙界的巨星。無奈他在一八四九年搭船回英國時，悲劇發生了。他搭乘的奧奈達號，遇到強烈的暴風雨襲擊，

③譯註：這是一則希臘神話故事，傳說這位科林斯少女在愛人遠行前夕，將他在牆上的影子描繪下來，是為西方肖像的起源。後人根據此傳說，創作了《科林斯少女》的畫作，又名《繪畫的發明》。

④譯註：凱許（Johnny Cash，1932—2003），是多次獲得葛萊美獎的美國鄉村音樂創作歌手，風格獨特，因為一身黑色裝扮而有「黑衣人」（The Man in Black）的稱號。唱片銷售量高達五千多萬張，公認是美國音樂史上最具影響力的音樂家。

⑤編按：古生物學家巴克蘭（William Buckland）於一八二八年獲得雙型齒翼龍首度被發現的化石。

被吹到根西島的海岸；雖然艾杜華幸運獲救，但他的珍貴相本幾乎都遺失了，成千上萬張的剪影作品就這樣沉沒在瓦遜灣深處，片片黑影就此落入漆黑一片的海底世界。據說他從此不再剪影。不過隨著攝影術的發明，剪影業很快就走到了盡頭，儘管剪影消失，紙還是永留人間。塔爾博特（William Henry Fox Talbot）早期製作攝影圖像的「光像法」（photogenic），便是一種形式的紙攝影。

## 德蘭尼夫人——將紙化為花朵的紙藝家

在攝影問世的前後，陸陸續續還有許多其他的紙工藝，其中一些幾乎遭到世人所遺忘，而絕大多數僅僅被視作附庸風雅，結合摺紙和剪紙，但又不是摺紙和剪紙的紙藝，諸如：蝶古巴特、壓凸、捲紙和浮雕。固守這一切形式紙藝的守護神應當是德蘭尼（Mary Granville Pendarves Delany）這位美妙的女士，她是音樂家韓德爾和《格列佛遊記》作者綏夫特的朋友，我們甚至可以合理推測她應當也會和莉莉安成為好朋友。德蘭尼夫人的發現，或說她發現自我的故事，在英國是家喻戶曉的。在一七七二年，這位年邁喪偶但仍然活力十足的女士，居住在白金漢郡的伯斯德，這是她的朋友波特蘭公爵夫人的房子。據說有一天早上，德蘭尼夫人注意到一些丟棄的廢紙和天竺葵花瓣的顏色很相似，於是她拿起一把剪刀，開始製作紙花，然後黏貼固定在黑紙上。就在這一刻，當時七十二歲的她發明了一種新的藝術形式，她本人顯然也察覺到自己有所成就，於是興奮地寫信給她的侄女：「我發明了一種模仿花朵的新方法。」她把這套作法稱為「紙鑲嵌」（paper-mosaick）。在接下來的十六年裡，德蘭尼夫人繼續用剪刀、鑷子和錐子製作出更多紙花，差不多有一千件，還將它們按字母順序排列，收藏在專冊中，並取名為「德蘭尼卡花」（Flora Delanica）。根據一位最近為她作傳的作家表示，這些作品「強烈而獨特」，沃波爾（Horace Walpole）則認為它們充滿「精準度和真理」，這些作品都非常費工，是用水彩上色的棉紙一小塊一小塊以麵粉和水拼貼在漆黑的紙上。孩提時代，德蘭尼夫人有學過製作剪影的技法，但是她的紙花賦予陰影顏色，讓人造紙又回復至植物的狀態。

德蘭尼夫人的花朵比她本人的壽命更長，今日可以在大英博物館中看到她的作品，而且不斷地被藝術家、作家和女權主義者重新發現意義，儘管格里爾（Germaine Greer）對這些作品完全斥之以鼻，「幾個世紀以來，有越來越多證據顯示女性不斷地忙著浪費自己的時間」。格里爾一語中的，但完全忽略了重點。英文中的紙paper，顯然衍生自papyrus莎草紙這個詞，這是一種希臘植物名稱的拉丁文，埃及人稱此為bublos，由這個字又衍生出希臘文中的bib lion，最後由此出現英文中的聖經Bible。這樣的演變一再提醒世人，我們生活在一片黑暗和籠罩死亡陰影的土地上，而且我們都因此受到改變，因為腐朽的勢必化為永恆，必死的終將變成不朽的。紙藝術只是在浪費時間嗎？確實如此，但有什麼不是呢？

# 11

# 身分證明：二戰時期的紙

這是我的身分證件（Legitimationspapiere），現在讓我看看你的。

——卡夫卡《審判》（*The Trial*，1925）

▲底紋：具有對比色的手工毛邊紙。

## 希特勒用一張紙出賣張伯倫

這張紙的頁首印有英國國徽，當中有三段簡短的段落，下方則是兩個手寫的簽名，還附上日期「一九三八年九月三十日」。這可能是整部二十世紀歷史中最有名的一張紙，它的內容如下：

> 我們，德國元首兼總理，以及英國首相，今日進一步舉行了另一場會議，都認同英德關係是當前兩國和整個歐洲最重要的問題。
>
> 我們認為昨晚簽訂的《英德海軍協議》是兩國人民渴望不再交戰的象徵。
>
> 我們決心以協商方式處理兩國間的問題，繼續努力消除分歧，以確保整個歐洲的和平。

一九三八年九月三十日星期五，張伯倫（Arthur Neville Chamberlain, 1869—1940）在當天就搭乘英國航空的洛克希德14 G- APGN班機從慕尼黑返國，不到六點就抵達倫敦西邊的赫斯頓機場。這是他在短短兩週內第三次出訪德國，那時歐洲正陷入危機之中，隨時都可能開戰。一九三八年三月德國併吞奧地利後，希特勒不斷提出擴充領土的要求：他給捷克政府的最後通牒是九月二十八日，要他們交出分裂邊界的蘇台德地區，他於九月二十六日在柏林體育宮的演講受到各界報導，據他的傳記作家布洛克（Alan Bullock）表示，在演講中「他的謾罵技巧高超到連他自己都無法再超越」。在英國，內政部分發空襲手冊給每戶人家，防毒面具也已經準備好，挖妥了溝渠也蓋好防空洞。歷史學家帕克（R.A.C. Parker）表示：「在九月二十八日那天上午，居住在城市裡的英國人已經準備好遭受幾小時甚至幾天的德軍轟炸。」德國、法國、義大利和英國在九月三十日凌晨簽署慕尼黑協定，等於是授予德國占領蘇台德地區的權利，以此換取德國同意在未來主張領土權利時，交由一個國際委員會來監督審查。在當時這看來似乎是最好的結果，能夠避免戰爭爆發。

所以張伯倫就搭機返回英國。時年六十九歲的他，聰明活躍，而且顯然相當興奮。大眾等在那裡為他歡呼了三次。他與內閣幕僚握了握手，並受到倫敦市長的歡迎，接著他發表一段簡短談話。首先他感謝英國人民寫給他的信，「這些充滿支持、認同和感激的信，對我來說是莫大的鼓勵。」然後他接著說：

> 接下來，我想說的是關於捷克斯拉維亞的問題，在我看來，現在的進展只是為整個歐洲帶來和平的更大協議之序曲。今天上午，我與德國總理希特勒先生又進行了另一次會談，這張紙上有他的親筆簽名，也有我的。有些人也許已經聽說過它的內容，不過我還是想親自朗讀給你們聽。

他在空中揮舞著一張紙，並大聲朗讀出來，此舉引來更多歡呼聲。那天其實下著大雨，但群眾一路為他歡呼到白金漢宮，他在那裡獲得英國國王喬治六世接見，之後才回到唐寧街的宰相官邸，又在群眾要求下從二樓窗口探出頭來，對許多熱情的群眾發言：「我的好朋友，這是英國史上第二次，我們榮譽地從德國將和平帶回唐寧街。我相信這是我們這個時代的和平。」在短短幾天內，從世界各地湧進上萬封感謝函和電報。美國總統羅斯福致電給張伯倫：「好樣的」，甚至開始有為他豎立雕像以表揚功績的計畫。有些街道以他的名字重新改名，還有以他的名字設立的獎學金：他成了一名英雄。十月一日的《泰晤士報》寫道：「沒有一位從戰場上凱旋而歸的戰士，在返回家園時能戴上比他更崇高的桂冠。」到了一九四〇年，所有的桂冠都被摘下——在多數人眼中，張伯倫是個罪人，一名綏靖主義者。

他其實是被一張紙出賣了，他誤信這些曾隨他起舞的文字。十月六日在下議院就慕尼黑協定討論時，張伯倫已經在為自己的失言開脫，解釋他在唐寧街窗口的那段話：「是在內心激動的情況下，而且經歷漫長而疲憊的一天後，在返家途中又受到一路上熱情歡呼的群眾鼓動，才脫口而出的」，人們不該「過度解讀這些話，扭曲原意。」但是為時已晚，因為希特勒已經確切地掌握到這些文字所傳達的意涵，也知道它們真正的價值：一文不值。

在九月三十日清晨的正式會談結束後，張伯倫前往希特勒位於攝政王廣場的私人住處簽下那一紙協定。要約束德國擴充領土的野心，那時的張伯倫已經預見此行返英的重點，是要帶回比口頭承諾更切實的東西，而且他事先就預備好一份聲明的打字稿。他後來回憶當時拿出這張紙給希特勒時，他「不斷點頭稱是，發出『呀、呀』的聲音，看完後他說：『我當然會簽署這份聲明，我們什麼時候簽？』我說：『現在』，然後我們一同走到書桌前，在這兩張我帶來的聲明稿上簽名。」據一位觀察者表示，張伯倫拿到這張簽了名的擔保後非常高興，甚至拍了自己的胸膛，宣稱：「我拿到了！」他確實拿到了。據最近為張伯倫作傳的作家塞爾弗（Robert Self）研究，他是個「典型的理性主義者」，但希特勒不是。希特勒是位滔滔雄辯的政治藝術家，諾言對他來說，可能只是在某個時刻表達想法的一種方式。希特勒的傳記作者克蕭（Ian Kershaw）寫道：「對他來說，這份文件毫無意義。」事實上，當時德國外交部長里賓特洛甫（Joachim von Ribbentrop），事後向希特勒抱怨他不該簽署這份文件，但希特勒要他毋須擔心，並且告訴他：「這張紙沒有什麼深層的意義。」它其實是有進一步的意義，只是不是張伯倫所期盼的那層意義。它仍然代表著背叛，象徵毀約的時刻，並且彰顯出一張紙的本質：它就只是一張紙而已。猛烈抨擊張伯倫的第一海軍大臣庫柏（Duff Cooper），在慕尼黑協定後的第二天辭職，日後他稱張伯倫的那份協定是「可悲的廢紙」的說法還廣為流傳。在二次世界大戰期間，紙變得更加悲慘。

## 戰爭中的紙武器

那時，當然還有各種用作軍事用途的紙。幾千年來，紙在戰爭中也當作是一種武器，而且不光只是用於資助戰爭資金的紙鈔而已。比方說，在十八世紀初期，為了西班牙王位繼承權的長期戰爭，安妮女王想要籌措資金，於是國會順從地提出開徵紙稅，名目上是所謂的知識稅，這項稅務開徵後稅收逐年增加，直到一八六一年廢除為止。從開徵稅收到轟炸機風箏、戰爭遊戲、槍彈殼、制服和盔甲，紙既是施以酷刑的手段，也是避免痛苦的方式。在中國唐朝末年（西元618—907年）時，河中節度使徐商訓練了一批身著紙甲的千人精兵部隊，他們攻無不克、戰無不勝的聲名遠播。（在一九七〇年代的英國，我們這些在埃塞克斯的學生則會用吸墨紙製作出V形的紙粒，它很厚重，而且有刺痛感，會在身上留下令人滿意的漆黑汙點。學校裡有個老師特別凶狠，要是玩紙子彈遊戲時被他抓到，就會受到他發明的「紙浴」處罰：他會命令全班同學撕下練習本中的幾頁，撕成小碎片，散落一地，要犯錯的學生撿起來，我們得趴跪在課桌椅之間撿這些紙屑，此時老師會鼓勵班上其餘的學生踢我們，我想那是一節關於因果報應的課，一命換一命，以眼還眼，以可悲的廢紙還可悲的廢紙。這確實狠狠地教訓了我們一頓，但也是一種可怕的浪費，大部分的人都不喜歡教育和白領階級為了討生活而做的文書處理工作，誰會需要這樣的教訓呢？）

在二次大戰期間，會用紙製作拋棄式的汽油罐和窗戶的保護性壓條——每個人都需要它，那時這算是一項珍貴商品。英國在一九四〇年發起了一項「救國活動」（National

Salvage Campaign），美國也於一九四二年展開一項類似的「勝利救國活動」（Salvage for Victory）。廢紙回收成了一項愛國表現。事實上，因為全國力行回收的成效太好，英國紀錄協會甚至擔心，重要文件和書籍可能被急於回收的人民銷毀殆盡，所以還特別印製了一份摺頁，鼓勵大眾「看清楚再回收」。

在其他地方丟紙則是為了要讓人民看見。早在一九三九年秋季，德國就沿著法國軍隊駐守的馬其諾防線空拋傳單——在一次世界大戰期間德軍率先採用這種紙轟炸策略，將傳單載往高空散發，可說是空飄傳單的始祖。他們的傳單呈金色，還剪裁成楓葉的形狀，這張傳單上還印有一個骷髏頭，但是以優美的法文來傳達訊息，簡直就像一首詩：Automne: Les feuilles tombent / Nous tomberons comme elles. / Les feuilles meurent parce que Dieu le veut / Mais nous, nous tombons parce que les / Anglais le veulent（秋天：樹葉飄落時，我們也將跟著落葉一同墜落。樹葉枯死，乃是神的旨意，但我們的殞落卻是英國人的意思。）英國也忙著散布他們的謠言和訊息，心戰單位都配備移動式印刷機，提供即時回應，並反駁納粹的攻訐和宣傳。

一八七〇年普法戰爭巴黎遭到圍攻期間，出現有史以來首見的空飄傳單，至今在各種衝突和戰爭中還是不斷發放，不知道到底用了多少紙來打一場接一場的心理戰。世界級的空飄傳單權威奧克蘭（Reginald Auckland），多年來擔任心戰學會出版的這份怪異但真實的雜誌《空飄傳單》（*Falling Leaf*）編輯，他統計出一數字，表示光是在越戰期間，從轟炸機和直升機上空拋的傳單，就高達六十二億四千五百二十萬張：

> 在一次空投中，宣傳者相當奢侈地用紙，而飛行員也十分熱情，所以人口約一百人的村莊，大概收到十萬張。在越南傳單隨處可見，有的拿來包裝食物，在餐廳則用來擦筷子或湯匙，在貧窮人家則充當壁紙，用來堵住漏洞，當然，也拿到廁所中使用。

相較之下，紙工藝淵遠流長的日本，完全不想讓他們的紙武器淪落成衛生紙。一九四二年四月，在東京和其他城市遭到美國杜立德（James Harold Doolittle）上將領軍的空襲後，當時統御全日本的內閣總理大臣東條英機精心策畫出報復計畫，其中一項是以熱氣球來轟炸美國。這些氣球直徑長十米，裝載有燃燒彈，是由好幾層的KOSO紙疊合而成，再以黏膠組成，塗上氯化鈣，塑型成巨大的球型。韋柏（Therese Weber）在《紙的語言：兩千年的歷史》（*The Language of Paper: A History of 2000 Years*, 2007）這本書中寫到二次世界大戰期間，一位日本造紙大師表示「日本絕大多數的造紙廠都在製造軍事用紙」。不過成效並不大，僅有少數的大紙球抵達加州西海岸，而且沒有造成什麼重大損害。

## 以紙推動的種族屠殺

但紙在歐洲卻引發一連串的浩劫。李維（Primo Levi）在《劫後餘生》（*The Truce,*

日本的燃燒彈熱氣球。

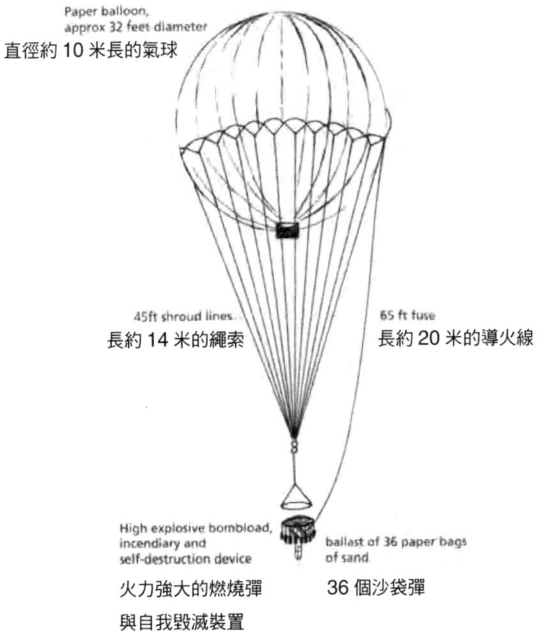
Paper balloon,
approx 32 feet diameter
直徑約 10 米長的氣球
45ft shroud lines
長約 14 米的繩索
65 ft fuse
長約 20 米的導火線
High explosive bombload,
incendiary and
self-destruction device
火力強大的燃燒彈
與自我毀滅裝置
ballast of 36 paper bags
of sand
36 個沙袋彈

1963）——這算是他回憶在集中營中生活的知名著作《如果這是一個人》（*If This is a Man*, 1947）的續集——記錄他從納粹的奧斯威辛集中營返家的過程，當中鉅細靡遺地描述如何以紙上作業培養出死亡和毀滅的文化。他坦承「印刷紙是我的罪惡」，但顯然還有其他人也在犯罪，犯下很多罪行，李維在戰爭期間就像其他數百萬人一樣，陷入一台以紙推動的種族屠殺機器中，這不是什麼紙的罪惡，這就是一間造紙廠，是以冶煉技術造紙的工業級紙漿廠。兩位德國記者阿里（Götz Aly）和候特（Karl-Heinz Roth）針對納粹技術官僚和官僚機構的調查，寫成一本極具信服力，同時又十分駭人的《納粹人口普查》（*Die restlose Erfassung*, 1984），書中援引大量數據來支持他們提出的種種論點，這一切也許可由歷史學家托維（John Tovey）的文章來作結，他專門研究這段時期的歷史，在文中寫道：「護照、身分證、人口登記，以及打算持續監視和控制德國人口變動的可識別標誌，組成一個環環相扣、近乎完美的人口註冊和追踪系統。這些機制有助於定位和監控猶太人，最終則用來執行滅族的任務。」近來另一起和製作文檔有關的屠殺悲劇出現在非洲，一九九四年盧安達發生胡圖族民兵大規模屠殺圖西人的事件。政治學家龍門（Timothy Longman），用一個簡單公式歸納出會發生這種慘劇的原因：「每個盧安達人都必須攜帶身分證，在通過路障時，守衛會要求每個人出示身分證。身分證上標示圖西人的人，通常都當場遭到擊斃。」

李維在卡托維茲的臨時營地中奉命檢查蝨子，並且要在看似永無止盡的名單上登記蝨子的數量和受害者的名字。他坦承他很高興最終能夠得到一張他個人的證件（propusk），這是一張看似平凡的許可證，但可以讓他偶爾離開一下營地，是種「高人一等的標誌」。在他所有關於戰時經驗的著作中，李維不斷描述著一個由紙團團覆蓋的世界，及其造成的影響。比方說，他看著紅軍搭乘火車從前線返國，以冰凍的水盥洗，然後拿《真理報》來捲香菸。當他開始和朋友在當地市場做生意時，他們第一個賣掉的東西是一枝筆，是「一次成交……毫無議價。」最後，當他即將要從卡托維茲被釋放時，一位名叫丹欽科（Danchenko）的醫師帶著「兩張紙」到來，空氣中瀰漫著一股不祥的氛圍：

> 我們很驚訝地得知，指揮官希望我們發表兩份宣言，來感謝我們在卡托維茲受到人性化而恰當的待遇……而丹欽科則拿出兩張感謝函給我們，那是兩張橫格紙，顯然是從一本筆記本中撕下來的，上面的字跡寫得工整漂亮。在我的證詞上，毫無拘束地慷慨寫著：「普里莫·李維，都靈的醫學博士，四個月來親力親為地幫助指揮官的外科醫師，全體職工以此銘謝。」

有了這張證明，李維終於獲得自由，雖然在他長途跋涉的返家路程中，還有重重關卡阻礙著他，這些也都是紙張所形成的障礙：

> 比方說，地方上的站長，要求我們出示旅遊證，人盡皆知根本沒有這樣的文件；戈特利布告

訴站長他馬上要去領，然後就進了附近的電報局，沒多久他就編造出一份文件，是用最有說服力的官話寫成的，他還在紙上貼滿了郵票，蓋上許多印章，還有難以辨認的簽名，讓它看起來十分神聖和古老，彷彿就是上層發下來的正宗文件。

在集中營裡，李維靠著紙才得以生存，他在《如果這是一個人》中描述曾經捲入方格紙的竊案中，那時這些紙被當作貨幣來交易。而戰爭結束後，他仍然依賴著紙。在他的另一本著作《元素週期表》（*The Periodic Table*, 1975）中，有一段廣為流傳的段落，他描述身體內的每個原子和分子，都督促他做出他的標記：「就是在這個瞬間，徘徊在千百張『通過』和『不通過』之間宛如迷宮般的糾結，我的手開始在紙上沿著一定的路徑行進，做出代表標記的螺紋：一個雙圈，在上下兩個能階之間，引導我這隻手在紙上的某個點，某個位置做上記號。」

## 建構人們身分的紙

紙是壓迫人民的暴君，同時也是救世主，是一種見證的方式，這項特質無疑是紙帶來最大的迷思。跟李維一樣，巴勒斯坦詩人馬達爾維什（Mahmoud Darwish）對紙雙重性質的探討也十分出名，在他的作品中，最有名的或許是那首〈身分證〉（Identity Card）：「寫下來／我是阿拉伯人／而我的身分證號碼是50,000。」紙是我們以卓越技術打造出來的自我，是外界強加於我們身上的，可能是來自他人或國家，由此建構出我們的身分；但紙也可以是我們自身塑造出的自己，是我們成為個人的方式，由此內化出獨特而鮮明的個性。紙使我們的存在清晰可見，卻也能夠抹殺一切；具有紀念價值，但也可有可無；無價可貴，卻也毫無價值；方生方死。另一位詩人孟塔爾（Eugenio Montale）寫過一首〈價值的衰落〉（The Decline of Values）：「撕下你的書頁，扔進水溝裡，不要修什麼學位，這樣你還能夠說出你是誰，興許還能真正地活著一會兒，或一瞬間。」

在《現代性與自我認同》（*Modernity and Self-Identity: Self and Society in the Late Modern Age*, 1991）這本令人嘆為觀止的書中，社會學家紀登斯（Anthony Giddens）用字遣詞之間夾雜大量專業用語，讓人只能嗅出其中奧妙，難以實際消化和理解。但似乎也正因為如此，書的內容更顯深刻，就像犯罪現場殘留的撩人香水或是雪茄煙霧一樣，當中寫道：「在現代性的後傳統秩序以及新形態的中介經驗背景下，自我認同是經過努力反思後組織起來的。自我的反思計畫，具有一致的連貫性，但會不斷地予以修正，是一傳記體裁的記事，出現在以抽象系統過濾的多重選擇脈絡中」，那麼，在紙上揮去雪茄的煙霧，直接了當來說，**紙是我們用來識別身分和創造自我認同的基本方法**，或者按紀登斯的說法，是在後傳統中的我們努力反思組織自我的關鍵機制。我就是我的身分證明。在這一點上，護照就是一個很好的例子。

我的護照目前還是紙做的，雖然是一種高度進化的紙，是用各種高科技印刷技術、特殊油墨和防偽線製成的，背面甚至嵌入了一小片身分識別的晶片，顯示出我這個人的某些資訊，以及我是屬於哪個團體或國家的成員。它也有效地假設與證明我是哲學家所謂「單一連續實體」（unitary continuing entity）的事實，換句話說，是一個可以為過去行為負責的個人。（不過，不得不承認的是，生而為人，最開心的一件事就是假裝自己不是一個單一持續實體，並嘗試達到一種非單一、不連續的非實體狀態，比方說出外度假、睡覺、性行為、在電腦上玩角色扮演遊戲、喝醉酒、讀小說，或是假造護照並揚長而去。就我個人而言，年少時我沒有選擇沉迷於毒品、性愛或是出國旅遊，而是將自己沉浸在黑色小說和驚悚片的世界中，那些故事裡的主角從來就不是他們表面上那樣，也不是他們自己所說的身分。像是湯普森〔Jim Thompson〕的《魔由心生》〔*The Killer Inside Me*, 1952〕，西蒙〔Georges Simmon〕的《看火車的人》〔*The Man Who Watched the Trains Go By*,1938〕、海史密斯〔Patricia Highsmith〕的雷普利〔Ripley〕系列小說，但是在我心目中最棒的要屬福賽思〔Frederick Forsyth〕的《豺狼的日子》〔*The Day of the Jackal*,1971〕，當中有位無名的刺客能夠毫無羞恥地自我吹捧捏造出自己，在偷到一張護照和身分證後，他找上在布魯塞爾一家酒吧結識的一名偽造者來變造這些文件，為自己創造一個新的身分，而當這個倒楣的偽造者回過頭來想要敲詐他一筆時，「你現在有了這些文件。我的沉默價值一千英鎊。」豺狼二話不說就徒手殺了他。這就是所謂的用不到紙！這就是所謂的我身不由己！）

現代的護照制度起源很晚，雖然在很早以前就已經出現確保在國界間安全通行的各種文件，正如歷史學家克蘭奇（Michael Clanchy）所言：「到了十三世紀下半葉，沒有攜帶某種書寫形式的身分證明就遠離故鄉，已成了一種輕率的行為；在我所居住的愛爾蘭地區，有些村莊依舊是如此。一直到要到十九世紀下半葉，才出現我們今日用的護照，那是核發給個人的文件，證明他們的身分，並確保他們旅遊的權利，可透過申請取得，不僅用於外交，也有貿易和軍事用途。至於我們現在熟悉的護照格式，這種口袋型大小並附有耐用紙卡套的護照，則是要到二十世紀初才出現，這不僅是自由旅遊的保證，也是一張證明國籍的文件，或者在極少數情況下，是一種無國籍的身分。比方說在一九二二年核發的南森（Nansen）護照，最初是為了幫助布爾什維克黨員逃離俄國，之所以稱之為南森護照，是因為當時擔任國際聯盟難民事務高級專員的挪威探險家南森（Fridjtof Nansen），體認到必須幫助無國籍者跨越國界和邊界。諷刺作家比爾斯（Ambrose Bierce）在他所著的《魔鬼辭典》（*Devil's Dictionary*, 1911）中對護照的定義是：「一份背棄出國公民的文件，暴露其外來者的身分，使其遭受到刁難和遷怒。」擁有一本護照，可能會讓自己暴露在某些形式的刁難和遷怒下；但若是沒有護照，或者沒有一張紙，則可能進入一個更可怕的困境：在二〇一二年以前法國的非法移民（sans- papiers，法文直譯是「沒有紙」），都會因為身上缺少必要的居留證件，而遭到警察拘留。現在，法國已不再拘留或監禁這些人，而是直接將他們遣送出境。

然而，身分證明文件從來就不只是用來追蹤外國人行蹤，建造出一道紙牆，將他們隔離在外。身分證明文件的歷史，其實也許和國家內部人口群體的識別和分類更密切相關，透過普查、登記和統計紀錄，國家才能徵收稅賦、執法、強制徵召兵役，以及監測和管理國家的保健和教育。**民族國家是由紙建構出來的**，或者套句德希達在《歸檔熱》（*Archive Fever: A Freudian Impression*, 1995）中的話：「沒有一種歸檔掌控，也就是人民的記憶，是不受政治權力干預的。」而這種記憶，這樣的歸檔，在很大程度上仍透過紙上作業來進行。

## 檔案文件

各國用紙來識別、追蹤、管理和控制公民的歷史由來以久，所以當我們發現至今世人對檔案管理仍充滿爭議和衝突也不足為奇。比方說在一九九九年時，南非真相暨和解委員會保管的三十四箱文件憑空消失，當中有之前種族隔離時期的化學和生物戰「海岸計畫」（Project Coast）聽證會的公開紀錄，以及各種刑事調查聽證會的細節。這些文件理當轉送到南非國家檔案館，但實際上卻由國家情報局接管。三年後由哈里斯（Verne Harris）創辦的一個主張資訊自由的非政府組織南非歷史檔案館（South African National Archives）提出法律訴訟，這批文件最後才移送到國家檔案館，當中有許多現在已開放查閱。

將檔案文件公諸於世，並沒有聽起來那麼容易，作為一種身分和記憶的來源，紙張帶來一些明顯的挑戰和困難。比方說它會腐敗，也會遭到破壞，或是粉碎掉。方德（Anna Funder）在《斯塔西世界：柏林圍牆後面的故事》（*Stasiland: Stories from Behind the Berlin Wall,*

2003）調查東德政權要求其成員「簽署像是結婚證書的文件來宣示效忠，沒收了兒童給他們祖父母的生日賀卡，然後在後方牆上貼著波霸女性日曆的辦公桌上，打出空洞的協議」。方德計算出斯塔西[1]權力中心，也就是東德祕密警察部門，共有九萬七千名員工和十七萬三千名通報者，他們全都以驚人或說是駭人的速度在生產文件。柏林圍牆倒塌後，這些文件有許多都送入了碎紙機，與過去和解意味著全都讓它過去。方德描述她造訪斯塔西檔案室的過程，她前往紐倫堡附近的一個村莊，在那裡受僱的女性員工，大概要穿過將近一萬五千個裝有碎紙的麻袋：

窗戶是敞開的，白色窗簾在微風中輕輕飄盪，但看到桌上一堆堆的紙屑，我卻驚慌失措起來，內心忐忑不安，這些紙屑有的堆成一團，有的則四散開來。由於紙屑實在太多，桌子根本放不下，於是工人開始將它們放到文件櫃的上頭。這些文件大小不同，有的只有是A 4紙的五分之一大，有的不到一張名片大，它們在房間裡到處飄揚，有些還飛出窗外，無法阻止。

斯塔西存檔管理局局長解釋這項龐大的工作，每個工人平均每天可重新拼湊出十張文

①譯註：斯塔西（Stasi）為德文中「國家安全」（Staatssicherheit）的縮寫，是德意志民主共和國的國家安全機構。

件，也就是說，在一年兩百五十個工作天中，四十位工作人員可以重建出十萬張文件。每個麻袋平均可以裝兩千五百張紙，這意味著要重建一萬五千個麻袋的資料，需要四十位員工耗費將近三百七十五年的時間。重建多數書籍的工程是沒有盡頭的。

當然，作為個人、公民或移民、難民、短期海外勞工、旅客或遊客，我們是沒有這麼多時間這樣做。因此，我們之中有不少人繼續瘋狂地用紙來打造屬於我們自己的微型記憶宮殿，像是日記、照片、剪報、證書、節目單、成績單、菜單，以及所有其他我們生活中可以貼在剪貼簿中的浮光掠影。若說檔案局是我們存放資料的地方，我們的日記、剪貼簿和照片，便是保存我們自身、希望、夢想和挫敗的所在，是我們自己製作的身分證（Legitimationspapiere）。

# 12

# 僅剩五頁*：紙與影片、流行、香菸、宗教、科學

* 德瑞克（Nick Drake）1969年的首張專輯〈剩下五片葉子〉（Only Five Leaves Left），呼應印在瑞茲拉菸捲紙的外包裝上的廣告詞，暗示著僅剩下五張紙。

▲底紋：機器製的仿羊皮紙。

## 廢紙回收者

一八六一年身兼記者、劇作家和政治諷刺雜誌《笨拙》（*Punch*）聯合創辦人的梅休（Henry Mayhew），將他最暢銷的三本訪談著作彙整成一大冊《倫敦勞工與倫敦貧民：能夠工作與不能工作者的條件和收入之百科全書》（*London Labour and the London Poor; Cyclopaedia of the Conditions and Earnings of Those That Will Work, Those That Cannot Work, And Those That Will Not Work*）。梅休是一位口述史學家，是他那個時代的特克爾（Studs Terkel）[1]，用他自己的話來說，他是以溫和的舉措來「出版一部人民的歷史，一段從人民自己口中講出來的歷史」，以此「讓富人對那些受苦者有更深入的認識，並且得知在那些苦難中貧民經常展現出來的英勇事蹟」，如此便能「敦促他們改善這些人的生活條件。任憑他們的苦難、無知和墮落散落在這座『世界第一大城』的龐大財富和浩瀚知識中」，對英國來說，絕對是奇恥大辱。

精力充沛的梅休打定主意要引發爭議，他採訪了各式各樣的人，從妓女、小偷、撿菸屁股的、收骨頭殘渣的、肉商、賣派的、撿狗糞的、在下水道挖寶的、在汙泥中撿破爛的，以及各種販紙商。他做得非常徹底，毫不馬虎。他採訪了販賣摺頁與手冊的商家，也採訪了販售遊戲卡、撲克牌、年鑑、謎題、版畫、印刷和照片的賣家及饒舌表演者，這些都是在市場最底層的人，他們「販賣垂死前的遺言與告白……講述時髦女士之間杜撰的美妙私奔情節，或虛構紳士所寫的情書……知名人士遭到暗殺和突然死亡的故事……捏造的謀殺案、不可思議的搶案、令人費解的自殺案件等可怕的悲劇故事」。而除了這些卑微的各類紙販，他還挖掘出另一種專業，是他「訪談對象中最令人感到不可思議的」：廢紙回收者。「有些人對廢紙可能已經產生既定印象，認為它們就是弄髒或破損的紙，或是舊報紙或其他過期刊物，但這僅僅是其中的一部分，在下面我將介紹其他的。」

梅休接下來的介紹，的確展現出這門最特別的行業。當時的廢紙回收者非常精明，是群謹慎的拾荒者，梅休估計倫敦大約有六十人在從事這樣的交易，一星期可以賺十五到三十五先令，他們前往各個辦公室、出版社、咖啡店、影印行、酒館及任何能夠找到他們寶物的地方。梅休採訪了一位以收廢紙為生的人，他列舉了所收集的各種紙：

我收過聖經……舊約聖經、祈禱文、祭壇事典、布道文和許多宗教作品……羅馬天主教的書籍……瓦特和韋斯利的讚美詩……我處理過悲劇和喜劇書籍，有的是新的，有的是舊的，有的裁切過，有的還很完整——這樣最好，因為可以直接把它們變成薄片——還有鬧劇與歌劇書集。我有各種科學和醫學著作，有歷史書、旅行書、生活書籍與回憶錄……詩集，唉，許多本都非常沉重；有拉丁文和希臘文（偶爾），還有法文以及其他外國語言……我有好幾噸的小冊

①譯註：特克爾是美國作家、口述歷史學家，長期主持芝加哥廣播電台的節目，曾經獲得普利茲非文學類獎項，他相信每個人都有被聽見的權利，都有值得述說的故事。

子……各式各樣的傳教文。國會文件……鐵路說明書……兒童的習字本……各式各樣的老舊帳簿……林林總總的字典……很多的音樂書籍。手稿……針對各種你所能想得到的主題的信件……你知道老人家過世後，他所有的文件、書信都會被拋售，就是這麼回事，當我們雙腳一蹬翹辮子後，這就是擺脫舊垃圾的方式。當書寫它們的人死去、埋葬之後，那些老舊的信件能值多少？也許一磅值個一分半吧，這可是高檔信紙的價錢。喔！這確實是一個奇怪的行業，但還有很多更糟的。

喔！確實是一個奇怪的行業，但還有很多更糟的。梅休採訪的收廢紙工人，賺的錢還超越許多其他行業，諸如「賣起士的、賣奶油的、屠夫、魚販、雞販、豬販、賣香腸的、賣甜食的、菸草商、雜貨商，以及所有在兜售他們所提供產品的人」——好比說我這種專事寫作之人，一直在提供世人我所製造的廢紙。

## 細數不盡的紙

當然還有很多我沒能納入，甚至是我來不及挽救出來的。在日常生活中，我們拿紙來做筆記、登記、測量、記錄、分類、授權、認可，通常還會拿來合計、核對以及製作商品，我們每天用的紙不計其數，大概也只有像梅休或是喬伊斯這類文學大家，才有功力僅用書中主人翁短短一天的時間，來呈現所有紙張的完整歷史，不用考量兩千多年來，紙在各個國家和民族間的歷史。我自己光是在這個禮拜，親手處理的紙就不計其數，包括報紙、雜誌、書籍、筆記本、記事本、檔案、議程、節目單、乾洗單、電影票、停車券、登機證、意見表、學校報告、帳單、發票、各種包裝紙，以及總是塞得一口袋的火車票、零錢和收據。這些紙多到我不知所措，有時候到了晚上我只想推倒成堆的紙，任它們散落一地，就像洗一場紙浴；若我放縱自己的話，沒多久這就場面就會蔓延開來，最先淪陷的是我的臥室，再來是我的房子，最後是我的生活，就像是美國那對哥烈兄弟（Collyer brothers），荷馬和蘭利一樣，他們在紐約第五大道的豪宅裡堆滿了他們一輩子的垃圾，從地板一直堆積到天花板，當他們一九四七年臭名昭彰地死去時，警方得從他們家中移出上百噸的垃圾，才能將蘭利從壓死他的那個報紙隧道中拖出，這個隧道還是他自己打造的；至於失明和癱瘓的荷馬，則是在幾天後餓死。

他們房子中大多數的東西勢必都扔掉了，當然，在我生命中大部分的紙張想必也都一文不值，但是在紙淵遠流長的歷史中，還是有許多東西讓人想要理出個頭緒，並且從廢紙堆中挽救出來，比方說從一八四五年在維也納舉辦的第一屆紙鎮展，到犯罪史鑑定程序中的裁紙刀，這段紙歷史中充滿各種軼事趣聞；年少時代曾經貼滿理髮店和雜貨店的摔角和拳擊海報的野史，那可是象徵著大街上影印行藝術的勝利；在園藝、花草和農業中這段紙的自然史，這段歷史基本上可以說是在一七五七年當懷特（Gilbert White）為他自己製作「瓜紙房」時展開的，「有八英尺長、五英尺寬，並用最好的書寫紙來覆蓋」，上面還塗上亞麻仁油，可以防雨，並以景觀生態學中建構和分析數據的最新圖形和向量法來作結；一八五一年在倫敦萊斯特廣場中心豎立起懷爾德二世（James Wyld II）製作的巨球（Monster Globe），這顆球在廣場上展示了十年，表面上是為了表揚懷爾德對萬國博覽會的貢獻，但實際上是為他的地圖和地球儀公司所搭建的巨型廣告；在一九一五年的《紙商和英國紙張貿易期刊》（*The Paper-Maker and British Paper Trade Journal*）中有篇文章描述「紙皂」神奇的特性，那是一種緞面紙組成的小書，紙上塗了甘油、酒精和肥皂的化合物，是愛好遠足和野餐者的福音，「只須從清澈小溪中取一小桶水，將一頁或一小塊紙皂浸在裡面，此時隨意攪拌，以產生適合洗手和洗臉的大量泡沫」，這無異是今日濕紙巾的前身；電腦天才霍夫曼（David Huffman）開發出所謂的霍夫曼編碼，成為JPEG和MP3等圖形檔數位後端應用程式的基礎，而他同時也是一位偉大的摺紙家，在他一九七六年發表的論文〈曲率和摺痕：紙的初探〉（Curvature and Creases: A Primer on Paper）中，他探究了紙面特性和電腦輔助設計之間的關係；複印紙饒富趣味的歷史，包括食譜，好比說《製藥配方：化學家的食譜》第二卷（*Pharmaceutical Formulas: Being the Chemist's Recipe Book*, 1934修訂版）的複寫紙，要求是十二磅的豬油、兩磅半的日本蠟、兩磅的象牙藍顏料，和兩磅的普魯士藍顏料）；食譜，像是我自己嘗試過的一料理，是在凱特比（Mary Kettilby）的《配方大集：集結三百餘種烹飪、保健及傷口照護的方法，提供給所有賢妻良母與細心的護士》（*A Collection of above three hundred receipts in cookery, physick, and surgery for the use of all good wives, tender mothers and careful nurses, by several hands,* 1714）中看到的「鮮奶油薄煎餅塔」（Thin Cream Pancakes Call'd a Quire of Paper）[2]，我純粹是基於研究考量，才決定嘗試實作這份食譜，主要材料是鮮奶油、奶油、糖、雞蛋、麵粉和雪利酒，經過我的試驗後，可以保證這道點心確實很美味；鑑識科學中對紙的研判是門深奧的藝術，若是想要知道在十九世紀中葉的紙漿中混合多少亞麻，用哪種肥皂來清洗碎布，以及使用的攪拌器、上漿劑、染料、顏色、漂白的原理，以及最後修整時是採用平板壓光還是拋光，去拜讀紙史學界大老鮑爾（Peter Bower）的著作就對了；東倫敦史匹托菲爾德商業街一四九號加德納的桑德瑞斯曼市場（Gardners Market Sundriesmen），是倫敦僅存的一家老字號紙袋商，傳說從一八七〇年營業至今，如今又在最熱門的部落格上（www.spitalfieldslife.com）出現；還有女神卡卡的歌曲〈紙黑幫〉（Paper Gangsta）的確切涵義（我想她是藉由這首歌抱怨他人在她身上亂貼標籤）。「如果整個地球就像紙一樣白／而海洋是墨／那還是不夠我寫／因我可憐的心真的在思索——利利（John Lyly）」。紙的歷史千迴百轉，真的是數不盡也道不完，但容我再用最後幾頁呈現我在幾經取捨之後的選擇。現在剩下紙和影片、流行、香菸、宗教和科學這五「頁」的關係。

② 譯註：Quire of Paper是紙的計量單位，原意是指一刀紙，即二十四張相同大小的一堆紙。在十七、十八世紀的英國，流行一種將薄煎餅像紙一樣堆疊起來的甜點，也採用同樣的名稱。

## 紙和影片

在歷史上，紙和影片之間的關係開始得很早，甚至比多數人想像得還要早，約莫是在攝影史上的開端，當發明家兼象形文字專家塔爾博特（William Henry Fox Talbot）一八三九年前往倫敦皇家學會展示他革命性的鏡畫奧祕時，就像當年達蓋爾（Louis Daguerre）在巴黎的法國科學院公布他的銅版攝影法一樣。塔爾博特在《大自然的鉛筆》（*The Pencil of Nature*, 1844）中，說明一八三三年他如何利用明室（或稱投影描繪器〔camera lucida〕）勾勒出義大利科摩湖的風景，結果讓人「憂鬱得難以承受」。然而，正是這個挫敗，他寫道：「讓我想到相機鏡頭聚焦在紙上的大自然如畫之美，那些仙境般的圖片，打造出一個注定消逝的瞬間。就是在想這些事情的時候，我產生了這個想法……要是有辦法將這些自然影像永久印記下來，並且保留在紙上，會是多棒的一件事啊！」塔爾博特早期的定影實驗必須將紙浸泡在含

銀版攝影，日食，1851 年 7 月 28 日

鹽的溶液中，晾乾後再塗刷或是讓它浮在硝酸銀溶液中。這張製備好的紙將會產生神奇的效果，將它放在一個物件下方，並且暴露在足夠的光源下，它便能捕捉生動、如幽靈般的影像。自從在紙張上探索製作這些「仙境般的圖片」，往後的三十年內，套句柏格的話，攝影其實是用於「警察備案、戰事報告、軍事偵察、色情圖片、百科全書式的文獻、家庭相簿、明信片、人類學紀錄……動之以情的道德勸說，好奇的探索……美學效果、新聞報導和正式的肖像」。

到一八六一年時，光是在倫敦就開設兩百多家攝影工作室，在這個首都，有將近三千人的職業登記是攝影師，而在攝影史的其餘部分，透過複雜的物理和化學發展和迭代，從照相製版（heliograps）到碘化銀紙照相法（calotype）、銀版照相法（daguerreotype）、蛋白印像法（niépceotype）、濕板（wet plate）、乾板（dry plate）和其他所有創新，攝影技術繼續依賴紙張，無論是否有印製出來。即使是不用底片和化學處理的數位攝影，在很大程度上仍然要靠紙張來進行印刷、展覽，以及驕傲地框裱起來。

在攝影中如此，在電影中亦同：電影的膠片也是一種紙材。電影的歷史，或至少是動態圖像的歷史，始於費納奇鏡（phenakistoscopes）和西洋鏡（zoetropes），兩者通常是以印在紙上的靜態圖像為材料，將它固定在轉盤或圓筒等設備上，接下來便進入整部電影史中一段在紙上行進的精彩絕倫、閃閃發亮的旅程，從定格動畫（stop-action animation）中的數字剪紙，這包含從法國漫畫家埃米爾（Émile Eugène Jean Louis Courtet）的早期作品，到近來美國導演提姆・波頓（Tim Burton）與墨西哥藝術家阿莫拉雷斯（Carlos Amorales）合作的影片，會讓人想起各國的皮影戲，如印尼的wayang、土耳其的Karagoz-Hacivat、法國的les ombres noires，在經過以影印紙建立早期電影底片版權的過程，再到吸食苯丙胺（安非他命）時會狂寫備忘錄的賽茲尼克（David O. Selznick）[3]，以及吉列姆（Terry Gilliam）的《巴西》（*Brazil*, 1985）中所描繪如惡夢般的文書工作。

不過，真正在背後支持電影的紙其實是「故事板」（storyboard），它好比是電影的紙質矯正器（paper orthotics），曾經是撐起電影的骨架。故事板最初是一九三〇年代初期在華特・迪士尼的工作室發展出來，這些手繪的草圖依序排列，由此建立起每個畫面和鏡頭的敘事場景，一開始是應用在真人電影《亂世佳人》（*Gone With the Wind*）中，為此，當時由七位藝術家組成的團隊繪製了超過一千五百張的水彩速寫——多數都是在繪製美國內戰時亞特蘭大之役的場景——都貼在板子上，在拍攝過程中用來確定位置。《亂世佳人》最後於一九三九年上映。令人難以置信的是，至今在皮克斯動畫工作室中依舊採用這項傳統的故事板技術，全球的動畫師都像一個個的小普桑（Poussins），讓紙上繪圖成為邁向高科技電影製作的必要步驟，普桑[4]曾表示，他的畫稿便是他的「思想錄」（pensées）。

曾經參與《怪獸電力公司》和《料理鼠王》製作的皮克斯設計師傑賽普（Harley Jessup），描述了他們公司在加州總部的繪圖和製片文化，基本上皮克斯就跟十九世紀巴黎印象派畫家的工作室差不多。在那裡平常都有繪畫班開放給所有員工，而在故事部門還請了五到十五位的全職藝術家專門繪製故事板。為了要清楚呈現，這些故事板都有一定的規格，傑賽普解釋：「是剛好4"×8"（120公分×240公分）的公告板，上面排了好幾排3.5"×8"（9公分×20公分）的手繪故事板。」沒有噱頭、沒有花樣，也沒有電腦圖形設計。之後會掃描這些故事板，剪裁後拼貼在一起，成為故事捲軸，這算是電影的黑白卡通版，之後才開始以電腦繪圖取代，而這些軟體也是從手繪的草圖、繪畫和雕塑開發出來的。傑賽普還統計了皮克斯製作各種動畫使用的故事板草圖數量：

**蟲蟲危機**（*A Bug's Life*, 1998）：27,555

**玩具總動員2**（*Toy Story 2*, 1999）：28,244

**怪獸電力公司**（*Monsters*, Inc., 2001）：46,024

**海底總動員**（*Finding Nemo*, 2003）：43,536

**超人特攻隊**（*The Incredibles*, 2004）：21,081

---

③譯註：賽茲尼克（1902—1965）是《亂世佳人》的編劇，是好萊塢黃金時代的傳奇製片人，曾經連續兩年奪得奧斯卡最佳影片獎。他在吸食安非他命後會瘋狂地寫備忘錄給他的導演；這些備忘錄還集結成廣受好評的《賽茲尼克備忘錄》（*Memo from David O. Selznick*）。

④譯註：普桑（Nicolas Poussin，1594—1665），是法國巴洛克時期重要畫家，畫風偏向古典主義，深受義大利文藝復興畫作影響，在法國繪畫界催生出主張素描比顏色重要的「普桑主義」畫派。

**汽車總動員**（*Cars*, 2006）：47,000

**料理鼠王**（*Ratatouille*, 2007）：72,000

顯然，在皮克斯的辦公室裡完全沒有無紙化的跡象。

## 紙和流行服飾

而在全世界最大的時裝工作室中也沒有。無法想像一間服裝設計工作室裡沒有用鋼筆、鉛筆、彩色影印、剪刀和漿糊組合而成的情緒收集板（mood board）和作品集的場面。時裝設計師加利亞諾（John Galliano）⑤，在創作時會將一大堆研究書籍擺在一起，他表示：「我會從研究開始，從中建立我的繆思、我的想法，由此去講一個故事，去發展一個人物，從一個樣貌演變出一個系列。」威廉姆森（Matthew Williamson）用動漫風格來畫草圖；詹森（Peter Jensen）用黑色的細眼線筆在白色的複印紙上畫圖，創造出看似卡通圖像的風格；韋斯伍德（Vivienne Westwood）僅繪製衣服而不畫出身體，弄得像是葬禮的打扮。還有一點也許值得一提，電視史上關於時尚最精彩的電視連續劇《醜女貝蒂》（*Ugly Betty*），場景不是設定在一間服裝設計工作室內，而是一本時尚雜誌，一個虛構的模式：在光面紙上反射和映照出來的時裝總是最有意義的。訂製服的裁縫師是用他們訓練有素的眼光在牛皮紙上繪製時髦西裝的樣式與版型，不過我的母親和祖母那一輩在幫我們做衣服時則是胡亂拼湊出來的，她們從市場買二手貨，或從時裝雜誌上剪下當時流行的巴特里克和簡樸樣式，然後在鄰里和親朋好友間交流，產生一種「地下出版物風格」（samizdat-style），最後我們認識的每個人身上都穿著牛仔布料縫製的休閒服，十分雷同的奇裝異服。用紙為衣服打樣的趨勢最初是在美國流行起來的，一八六〇年代原名柯蒂斯（Ellen Curtis）的莫雷斯特（Demorest）夫人和巴特里克（Ebenezer Butterick），一手打造出以脆弱紙樣打版的時裝帝國，號稱促成時尚的民主化：用紙來做衣服。

不過，確實是有紙製的衣服。在十九世紀末期的英國，一位來自美國的音樂表演者保羅（Howard Paul），每次登台表演時都會穿上一套紙西裝，唱著沃克（Henry Walker）的〈紙時代〉（The Age of Paper）這首歌。歌詞如下：

往每間店內望去，
上市新品都是紙領帶，
大衣是用最好的藍色毛線編織的，
而襯衫當然全都是奶油色。

⑤譯註：加利亞諾（1960—），先後擔任紀梵希（Givenchy）高級訂製服設計師和迪奧（Dior）高級女裝創作總監，並獲頒英帝國司令勳章。

你想要一頂紙帽子嗎？
或是紙襪子，來個半刀吧，[6]
或是最新款的煙管褲——
只要三塊九，就夠了！
紙現在可是蔚為風尚，
其他的都配不上這個時代。

實際上在一九六〇年代末期蔚為風尚的設計，確實相當接近紙服飾，堪稱是紙衣史上短暫而輝煌的一刻。在一九六六年，史考特紙業（Scott Paper Com pany）推出一款郵購的襯裙式連衣裙，售價僅一美元，還加贈抵用券，結果它們一共賣出了五十萬件。紙界大廠霍爾馬克（Hallmark）當然也不想錯過這個商機，隨即推出紙質的「女主人服」，好來搭配各種派對的餐巾和桌布。而在你脫口說出紙短褲之前，還有晚禮服、婚紗、拖鞋、套裝、雨衣以及比基尼，都推出了紙製品，縱使不是全部的材質都是紙，也是一部分紙質，再混合尼龍和人造絲。其中最搶眼醒目的款式是標榜為「派對殺手」（Party Stopper）的一件「閃亮白色迷你裙，還搭配銀色的流蘇，這是史考特紙業用聚塑料材質的杜拉韋弗紙製作的，一件五・九五美元，結果搶購一空，又再追加了好幾批。」這股趨勢銳不可擋。一九六七年三月號的《時代》雜誌上有篇文章便以〈現實生活中的紙娃娃〉（Real

Live Paper Dolls）為題，提到紙服裝廣受大眾歡迎，促使美國的製造業大廠史特林紙業發展出「度假紙服飾」，讓外出度假的遊客不用提著行李箱，只要在下榻的飯店購買拋棄式的紙衣即可。到一九六七年六月時《小姐》（*Mademoiselle*）雜誌的一個封面故事是〈紙潮來襲〉（The Big Paper Craze）：「就你花的每一分錢所產生的效益來看，紙裙是省錢時尚的首選。」

但對紙服裝的這股熱潮很快就消退了。唯獨在日本，它永遠不會結束，因為它根本沒有開始過，在這片土地上，紙仍舊是一種美的代表，同時兼具實用價值，紙衣一直在日本文化中傳承著。以「紙子」（Kamiko）為例，這是江戶時代（1603—1868）祭司和武士經常會穿著的衣服，有用澱粉處理過，紙質十分強韌。不過穿這類衣服最有名的人，實際上是一位詩人，或者說是位大詩人；在松尾芭蕉的俳句中，他讓自己那身紙衣永垂不朽，就跟貓王在歌詞中納入藍色麂皮鞋和詩人艾略特在詩中談到褲腳外翻一樣，他的俳句如下：

紙衣師傅，日本木刻。

⑥編按：「刀」（quire）為術語，一般為紙張量詞，英文中一刀通常是指二十四張紙。

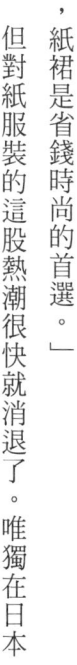

今早穿上新袍宛如換了一個人，
熱浪卻濕了我紙袍的肩膀。

還有一種日文發音為Shifu的紙布，和紙子不同，也絕對和《功夫熊貓》中由達斯汀・霍夫曼配音的「師父」毫無關係，這是一種可以用來製作各種衣服的紡紗紙。高級的紙布可以和絲綢混紡，製作出閃閃發光的精緻布料，即使到了今天，在東京北邊的堀町鎮上，享譽國際的櫻井貞子仍然在製作這種紙。和二十世紀美國的紙衣相比，日本的紙衣並不是流行服飾，它堅固耐穿，傳統的日本紙衣服，就跟「和傘」（wagasa）這種著名的紙傘一樣，有經過特別塗油和上漆，還能防風擋雨。還有一種先用澱粉處理過的紙「揉み紙」（momigami），在製作時會揉成一團球，增加它的彈性和韌度，使材質變得有點像皮革，可以製成衣服、包包和錢包，這和韓國的一種jumchi或稱joomchi的手工紙類似，這類紙是將韓紙堆疊起來，上油並予以敲打而成，是韓國文化的一大特色。（事實上，手工韓紙的用途甚廣，可以拿來做衣服和櫃子。）在一九一四年的《紙商和英國紙張貿易期刊》（*The Paper-Maker and British Paper Trade Journal*）上有篇文章記載「估計七成五以上的中國和日本人都穿著紙衣」，但不清楚是怎麼計算出來的。該文章還提到「德國較貧窮的階級也同樣為紙衣著迷，而大部分的墨西哥人都是如此。」

著迷於紙服裝的問題在於，不論你身處何地何時，都很容易著火。甚至有人懷疑這就是六〇年代晚期紙衣熱潮突然消退的主要原因，因為當時幾乎每個人都在抽菸。紙成了錯誤年代的錯誤材料，如同傑佛遜飛船樂團（Jefferson Airplane）一九六八年推出那張精彩專輯《造化的巔峰》（*Crown of Creation*）中的〈油膩的心〉（Greasy Heart），女主唱史立克（Grace Slick）唱道：「紙衣洋裝著火了，你在煙霧中失去了她。」二〇一一年英國有份報紙報導一名身著自製紙衣的女性，某天晚上在倫敦市中心參加女性朋友的婚前派對時全身著火，幸好她沒有在煙霧中丟了性命，不過還是弄得一身重度燒傷。倫敦消防隊的發言人表示，若是不留意的話，蠟燭具有嚴重的致命副作用。請將蠟燭和茶燈遠離易燃物品和衣服，否則可能釀成嚴重災難。」然而世界各地，天天都有人沉浸在另一種高度危險的紙儀式：他們拿起一張紙，放入口中，然後點火。

## 紙和香菸

克蘭（Richard Klein）在他的《吸菸賽神仙》（*Cigarettes are Sublime*, 1993）一書中「謳歌香菸」，聲稱「從菸盒中取出菸，大吸一口，這時香菸寫出一詩篇，唱了一首詠嘆調，或編了一支舞，講述一個書寫在空間和氣息之間的故事。」換句話說，由紙做成的香菸，作用也跟紙類似，讓我們將自己寫在其中。在克蘭的眼中，香菸是我們的另一個紙道具，或是義肢，是自我的延伸與闡述。香菸，當然可以用其他葉子來捲，不一定要用到紙，但這就不符合我們對菸的認識，不是心中所喜愛的菸象徵。另一位愛菸人士萊佛（Ned

Rival）在《菸草，時代之鏡》（*Tabac, miroir du temps*, 1981）中寫道：香菸所有迷人之處都駐留在紙中（Tout le chic de la cigarette tient alors dans le papier）。還有人指出，事實上許多人都曾這樣說過，以白紙捲成圓柱形的香菸，是一錯置的陰莖，因此成了性感的標誌。無論如何，香菸肯定是十九世紀末期象徵頹廢的標誌，當時許多藝術家和作家都以吸菸表明他們的內心和精神正在崩毀和腐爛。再也沒有一個外在標誌比叼著一支菸更能說明自己是一個絕望的知識分子。萊佛（Ned Rival）說得沒錯：香菸的獨到之處就是紙的獨到之處，從捲紙菸的神聖儀式中最能看出這一點。小時候我拿一張綠色的中磅數瑞茲拉絲（Rizlas）捲菸紙（Rizla +是一品牌，來自法文中的riz，也就是「米」，而la和+這個十字符號代表十七世紀拉克魯瓦的家族企業。）為祖父捲菸的舉動，是一種交流，一種心照不宣的世代傳承。我曾經認識一個人只用法國的Zig-Zag捲菸紙，這當然沒什麼不好，如果他是個法國人而且生活在法國的話。但他不是。在我腦海中永遠抹滅不掉Zig-Zag包裝上那個滿臉鬍子的男人，他那張著名的臉孔成了我腦中對紙自負狂妄那一面的終極象徵。頹廢不可避免地變成蠢事，正如同紙燒成灰燼一樣。

法國的 Zig-Zag 捲菸紙的外包裝。

## 紙和宗教

若說裹上紙的菸捲，代表此世的一種極致享樂和罪惡，彼世也同樣包裝在紙中。紙是一種無與倫比的精神技術，能夠儲存各種靈性知識，幾乎是完美的宗教活動和各種場合的平台，不論是哪種信仰，哪種用途。無論是做成護身符、許願條，還是釘在威登堡教堂門上的字條[7]，紙比其他流行的靈性技術更具優勢，超越鮮血、動物屍體、水晶、僧侶袍、粗布衣或科技化的電子儀表；紙的質地輕柔、易燃，能夠加以裝飾和刻畫，而且不需要電池。

也許最能展現紙超凡脫俗的一面，是西藏人的lungta紙（在藏文中lung是「風」，而ta是「馬」），以分別代表水、天空、大地、陽光、空氣的白、藍、黃、紅、綠這五種不同顏色，在一張薄紙上單面印製那些漂亮的小塊正方形，在中間則印著風馬，這是一隻飛馬，一眼便能看出是代表人類靈魂的圖像，周圍是神聖的經文，在每個角落則繪有其他動物。藏人會將這種紙拋向空中，進行祈禱，或是為一段旅程祈福，或是祈求好運。在西藏，不會有僧人禁止丟五彩繽紛的紙。在那邊點名的時候，「紙」亦必在其中[8]。在日本，

⑦譯註：十六世紀時馬丁路德在威登堡教堂門前釘上九十五條反對天主教會的理由。他強調只有聖經才是權威，教會不具權威，教會的會議也不是，挑戰當時整個宗教體制。

⑧譯註：此語出自一首基督徒在安息聚會上經常傳唱的詩歌〈點名時候〉（When the Roll Is Called Up Yonder）：「在那邊點名的時候，我亦必在其中。」

「紙垂」（shide）是一種懸掛在「注連繩」（shimenawa）上的白色長形紙條，這種繩索會掛在神社上，標誌出神聖與世俗之間的區隔，也會掛在「御幣」（gohei）這種在淨化儀式中使用的木杖上；稱之為「形代」（kata-shiro）的人形剪紙，會丟入流水中，可以用作詛咒，也可以祈福；中國農曆新年或婚禮包的「紅包」裡會放入壓歲錢或禮金；另外，在中國等地會焚燒冥紙，或稱紙錢，這是在陰間使用的鈔票，供祖先在往生後過著平和富裕的生活；亞洲有許多宗教節慶都會施放孔明天燈，這項活動也開始出現西方婚禮上；在猶太傳說中，將一張寫有希伯來文的「閃姆」（shem）紙放入戈倫魔像的口中，就能賦予它生命，起身前來保護猶太人，但寫上去的內容，絕對不是猶太人貼在門口的安家符（mezuzah）中禱告用的施瑪篇（Shema）經文，施瑪篇必須由經文抄寫員寫在羊皮紙上，這種用紙目的實在不符合猶太教的戒律。

## 紙和科學

談了那麼多紙、宗教和儀式中的民俗、神祇和祈禱，當然就如同阿許百瑞（John Ashbery）在他的詩〈舊日筆記〉（From Old Notebooks）中所寫的，是希望認識「值得檢視、這些不慍不火的舊事」，但那些熱門、新穎和閃亮的東西又如何呢？科技、電腦和工程呢？就跟每個人一樣，我們理所當然地認為，一直以來都有所謂的「技術轉移」，並且會繼續傳遞下去，而且還是透過將想法印製在紙上的方式。務實的未來學家富勒

（Buckrninster Fuller）在《關鍵路徑》（*Critical Path*, 1981）中提出所謂「心靈感應的相互連通智慧」，其實根本沒有這樣的事，這點顯而易見：科學智慧在寫下來的時候，運作得最好，這不僅是為了申請專利而已。實驗紀錄簿依舊是研究科學家的重要配備（富勒本身也非常偏執地為自己的生活和思想進行編年史般的書寫）。這件事情再明顯不過了，就像科學史本身一樣，這段歷史基本上就是一部爭論的歷史，其中大部分的事情都發生在紙上。但也別忘記，不只是抽象的論點，就連很實用的空間，包括研究的物理和社會環境、實驗和科學探訪的地點，也是由紙所決定的。紙協助形上學轉變成應用形上學。以十九世紀為例，它幫助自然史轉型成自然史博物館。

約莫是在十九世紀中葉，大英博物館的自然史組長歐文（Richard Owen）認為自然史應當自成一格，具有獨立的博物館，於是他開始將自己的想法寫下來，向各方投書，並且進行宣傳活動。到了一八五八年，超過一百位的博物學者聯名發了一封信給當時的財政大臣，抱怨大英博物館的自然史展場。赫胥黎和達爾文共同寫了一份請願書，歐文則發行一本小冊子《論自然史博物館的範圍和宗旨》（*On the Extent and Aims of a National Museum of Natural History*, 1862）。募集到籌備經費，還公布了新博物館建設的競圖公告。各界紛紛投稿，最後由擅長繪製透視圖的福澳克（Francis Fowke）勝出，他在設計圖中勾勒出新館的內部設計。最後計畫成真，新的大英博物館——也就是現在的自然史博物館——終於在一八八一年的復活節假期中開館，成為倫敦亞伯特區中最閃亮的一顆明珠。紙仍是這整件事的幕後推手。

在科學與技術發展的背後，種種因為紙而產生推動力的故事訴說不盡，就像是科提比（Mary Kettilby）層層疊疊的奶油雪利酒薄煎餅一樣。這一切只要用一個特別可口而且明顯易見的例子就足以說明：工程師波卓斯基（Henry Petroski）在他的回憶錄《報童：一個未來工程師的自白》（*Paperboy: Confessions of a Future Engineer*, 2002）中，特別著重在他早期生活中一段短暫但充實的日子，他非常精確地標明這段期間是從一九五四年八月一日到一九五八年一月二十五日，那時他在長島新聞當送報童，負責自家附近皇后區的送報工作。波卓斯基表示，這段經歷讓他對「距離、時間和數量」產生強烈的意識，甚至影響到他對未來生涯的決定：

一個報童要送多少份報紙得用到數學，而要如何將報紙送達則是一個工程問題。一個袋子可以裝多少報紙是數學，能裝進多少則是一項工程設計。腳踏車如何載著一大袋報紙在街上移動是科學，怎樣爬坡則是工程。報紙應當怎麼折疊是科學，報紙實際上折疊的方式則是工程。報紙降落的方式和位置是科學，但如何做到這件事則是工程。報紙為何弄髒手是科學，要怎麼把手洗乾淨是工程。

還有一個更明顯的例子：發現DNA雙股螺旋結構的華生（James Watson），在他的著作《雙螺旋》（*The Double Helix*, 1968）中描述當年在劍橋大學卡文迪許實驗室裡，研究團隊企圖透過建立模型以了解DNA運作機制的整個過程，而且他們的模型是真材實料的模型，都是用金屬做成的。一天下午，在等待一些模型零件時，華生感到很不耐煩，於是他「花了一下午的時間，用硬紙板精確地剪裁出其餘的鹼基」。第二天早上，他寫道，他「很快地清掉桌上的紙」，並繼續拿起紙板工作，試圖用紙板鹼基剪出能夠表現氫鍵相連的新形狀和圖案。「突然間，我意識到，由兩個氫鍵結合在一起的腺嘌呤和胸腺嘧啶，與由兩個以上的氫鍵所結合在一起的鳥嘌呤和胞嘧啶，配對的形狀是相同的。氫鍵似乎都是自然形成的，不須特別加工就可以讓這兩種鹼基配對的形狀相同。」到了午餐時間，華生在實驗室裡的夥伴克立克（Francis Crick）在酒吧裡跟每個人說：「我們發現了生命的祕密。」

## 催生現代電腦的穿孔紙卡

儘管有了克立克和華生的發現，不過生命、宇宙以及萬物的終極答案依舊是四十二，這是亞當斯（Douglas Adams）的《銀河便車指南》（*The Hitchhiker's Guide to the Galaxy*）中的超級電腦「深思」計算出來的。至於為什麼是四十二呢？這是根據「平裝書行數理論」（paperback line theory）推測出來的。亞當斯之所以選中四十二，是因為這是一本平裝書每頁的平均行數。不過更有可能的原因是，他覺得這數字聽起來很可笑。每個蒸汽龐克和網路龐克的愛好者都知道，**紙在電腦的發展中扮演重要角色**，不論是超級電腦、一般電腦、科幻小說中的電腦，或是其他任何的電腦，而且將會繼續扮演這樣的角色。巴貝奇（Charles Babbage）著名的分析機（Analytical Engine），是第一台通用型的可編寫電腦，這台機組的重要零件也是以硬紙板為材料。事實上，巴貝奇之前組裝的差分機（Difference Engine）和分析機類似，是一項極具野心的計畫，但始終沒有完成，主要是因為缺乏資金，但有部分原因是來自於他個人的問題，他是個難以共事的人，難以用紙板裁剪出在他那一大本「構想書」中的一切想法。

巴貝奇的穿孔紙板卡其實是受到賈夸（Joseph Marie Jacquard）的織布機紙卡的啟發，據此改造出來的。德蘭達（Manuel De Landa）在《智能機時代的戰爭》（*War in the Age of Intelligent Machines*, 1991）一書中表示，賈夸的這台可編程織布機，不僅是科技史上的突破，也是人類演化史上一台十分重要的機器，因為它「透過存儲在打孔紙卡的原始程序，將整套流程的控制（和結構）從人體轉移到機器，這些紙卡可說是最原始的軟體形式。」換言之，紙不僅協助現代電腦的開展，就連後現代的模控學也是它推波助瀾的結果；**紙預告了後人類的出現**。在吉布森（William Gibson）和史特林（Bruce Sterling）的小說《差分機》（*The Difference Engine*, 1991）中，他們從巴貝奇那裡獲得靈感，將維多利亞時代的倫敦打造成一個技術先進的城市，由總理拜倫管轄，城市裡到處都是紙。每個人隨身攜帶一張「市民卡」，這是一種多用途的身分證，兼具信用卡功能，列印機無止無休地送出紙膠帶，程式工程師因為使用的大型銅製蒸汽機發出「克拉」聲，而獲得「克拉客」的暱稱。

這只是科幻小說的情節嗎？現實世界裡，在二十世紀中葉，電腦產業龍頭ＩＢＭ公司裡的所有業務都是以紙為基礎，它們著名的穿孔卡片上還會特別註明「不可折疊、扭轉或損毀」，這些紙卡是用來記錄代碼形式的資訊單位，直到一九六〇年代才改用磁帶取代。至今在微軟和其他開發用戶端介面的公司製作紙面原型時，依稀可聽到那古老的「克拉」聲。現代的紙面原型製作，所使用的技術非常低階，低到有點可笑的地步，只須直接在紙上素描出螢幕上的命令和指示即可，在投注數百萬美元開發一套軟體前，都會先這麼做。

## 擦拭清潔用的紙

不過在醫學和衛生史上的紙或紙卷，所擔負的角色可不是開玩笑的。現在，我們對手術衣、口罩、頭套、膠帶和繃帶這些紙製品都感到習以為常，但在十七世紀初的西方世界，連紙巾是什麼都不知道。江戶時代有獨眼龍之稱的仙台藩始祖伊達政宗（Date Masamune），在一六一三年時，相當有遠見地派了支倉常長六右衛門出訪歐洲，訪問團所到之處都造成轟動，有部分原因是因為他們隨時都帶著「花紙」（hanagami，或稱「鼻紙」），用來擤鼻涕、擦臉或擦手，然後將它丟棄，展現出極大的派頭和氣勢。法國人對此驚為天人，聖托貝的候爵夫人回憶當時的盛況：「每當日本人將用過的紙手帕扔到大街上，就會有人爭先恐後地跑去撿，甚至會為了保護這些價值連城的紀念品而大打出手。」

用紙擦拭和清潔手嘴的習慣，可能源自於六世紀的中國，而根據學者錢學森和漢學家權威李約瑟（Joseph Needham）的研究，到十四世紀時，中國一個省每年生產的衛生紙就有上千萬包。然而，世界上其他人在如廁後的清理方式仍舊相當落後。在古羅馬曾經使用底部附有海綿的棍子，愛斯基摩人據說是使用苔原上的苔蘚或雪，有些人則使用貽貝殼、椰子殼、玉米芯、鵝卵石、陶器碎片及手邊其他東西，當然也包括手。在文藝復興時期重要作家拉伯雷（Rabelais）的《巨人傳》（*Gargantua*, 1534）中——後由厄克特（Thomas Urquhart, 1653）翻譯成通順流暢的英文——書中的主人翁卡岡都亞（Gargantua）向他的父親解釋，在經過「長期的各種嘗試與體驗後」，他終於找到擦屁股的完美方式。他說他試過女人的天鵝絨面具，（「對我的底部來說非常性感和愉悅」），也試了耳環（「它們像報復似地，狠狠刮傷我臀部所有的皮膚」）和貓（「牠的爪子很利，把我整個會陰部都抓傷，弄到潰爛」），還有手套、鼠尾草、茴香、馬鬱蘭、玫瑰、生菜和菠菜葉。他還嘗試過床單、窗簾、靠墊、地毯、桌布、餐巾，以及一些帽子（這當中效果最好的是一頂毛茸茸的帽子，因為它把排泄物擦得一乾二淨）。他坦言自己嘗試過多種動物，從母雞、公雞、小母雞、野兔到鴿子，最終的結論是，「在所有用來擦屁股與抹去排泄物的東西中，不論是捲筒紙、尾狀餐巾、桶口清潔劑還是馬褲布，沒有一個比得上鵝脖子，若是能將鵝頭順利夾在兩腿間，效果最好。」

一位名叫蓋耶提（Joseph Gayetty）的人，顯然是鵝的好朋友，他是第一個在美國製造衛生紙的人，約是在一八五七年左右，那時每人平均每年用掉二十三點六卷衛生紙，這可救了不少的鵝。換算後平均每人每年大約用掉半顆樹。根據目前產業界的數據，全世界每天約製造八千三百萬個捲筒衛生紙，是迄今為止造紙業中增長最快的項目。綠色和平組織最近的「舒切」（Kleercut）活動大獲成功，抗議販售「舒潔」衛生紙（Kleenex）的金百利紙業使用加拿大北方原始林的木漿來製造衛生紙，這既展現出環境保育的力量，也呼應了《巨人傳》卡岡都亞的話：「用紙來擦汙穢處的，應當會在他的那顆球上留下一些碎屑。」

## 紙做的交通工具

最後，讓我們從球往氣球看去，紙繼續推動我們向前，讓我們行走於其上，騎乘在其上，乃至於飛翔在其上。英國在二〇〇三年鋪設M6高速公路的柏油路面時，上層的瀝青中有用到回收自米爾斯布恩（Mills & Boon）出版社庫存的兩百五十萬本言情小說，就某方面來看，這帶有某種詩意的正義。紙漿製成的小說顯然有助於吸收噪音，而書中浪漫的希望和夢想則在一片沉默中遭到無數車輛碾過。紙也是製造車輪的材料，十九世紀美國的火車車輪是採用高壓壓製的大型紙盤製成。而紙在飛行史上也功不可沒，造紙家族蒙哥菲葉爾（Montgolfiers）製作的熱氣球是以紙和絲為材料；萊特兄弟使用紙模型在風洞中測試他們的飛機；比較晚近的是斯圖加特大學的一個研究團隊，一直試圖開發大客機的紙機身

（這樣還能提升噪音和能量的吸收能力，而且最棒的是紙這種材料比鋼鐵便宜得多）。更為高瞻遠矚的計畫是二〇〇八年東京大學的鈴木真一教授宣布的，他們計畫推出國際太空站的紙飛機。他告訴英國廣播公司：「我們認為在這個實驗中將能夠創造新概念，在不久的將來，也許還能從這個設計中發展出新型飛艇。」可惜，鈴木的計畫從未成真，太空紙時代還沒降臨。

與此同時，紙船的時代卻已悄悄告終。從一九八九到一九九五年，美國有位怪人卡伯瑞（Ken Cupery）為紙船愛好者發行一份名為《紙船師》（*The Paper Boater*）的不定期刊物，並誇下海口表示，這份刊物是「領先世界的纖維素造船期刊」，也是世界上唯一一份探討用纖維素造船的期刊，而且世界上確實存在過這樣的船，目前也還有。晚近比較知名的一個例子，是傑出的蘇格蘭藝術家懷利（George Wylie）所打造近二十五米長的紙船，用來紀念格拉斯哥的造船業，他在一九八九年親自駕船沿著蘇格蘭的克萊德河順流而下，並於一九九〇年抵達哈得遜河上游。不過史上最大的紙船師無疑是泰勒（John Taylor），他最初是在泰晤士河上當船夫，在一五九六年加入羅利爵士和埃塞克斯伯爵的遠征隊，前往西班牙西南部加的斯（Cadiz）和北大西洋中央的亞速爾群島（Azores），返回英國後，他發現自己愛上冒險，所以開始從事一系列非凡的特技表演，希望藉此名利雙收。許夏瑪（Simon Schama）在《景觀和記憶》（*Landscape and Memory*, 1995）中表示，我們不能將泰勒和泰晤士河畔小酒館內招搖撞騙的「那些行乞的表演者」相提並論。他自己有一套獨到的方式，是自成一格的名人，是個搞怪但具有文學抱負的詼諧詩文作家，是泰晤士河南岸船塢和酒館的人民呼聲⋯他的意見中帶有憤怒，他的激情中散發偏執，他的表達俏皮、故作高尚，完全的政治不正確，但娛樂效果十足。」

泰勒在一六一四年向詩人芬諾爾（William Fennor）提出挑戰，要在倫敦的希望劇院進行一場「詩的決鬥」。他事先就開始賣門票，並在決鬥後發行介紹這次事件始末的刊物。芬諾爾擊敗了他，但這無關緊要，他已建立起自己未來事業發展的一套實用模式，用大眾的錢來支付他的冒險事業，等活動結束後，還可以發行一本小冊子，再賺一筆。一六一六年，他從倫敦旅行到愛丁堡，回來後寫了一本《身無分文的朝聖之旅》（*Penniless Pilgrimage*）。後來，他又寫了一本酒吧指南，一份交通運輸服務的目錄。曾經在柯芬園開了一間酒吧，到一六二〇年時，他乘著一艘棕色紙船沿著泰晤士河順流而下。

泰勒在他的詩集《禮讚：作家和名叫羅傑先生的鳥與大麻子，在棕色紙船上從倫敦到肯特郡昆恩伯洛夫的航程》（*The Praise of HempSeed with the Voyage of Mr. Roger Bird and the Writer hereof, in a boat of browne-Paper, from London to Quinborough in Kent*, 1620）中回憶這段經歷：

> 我由此斷定這多少會引起傳言，
> 注意到最近我用紙造了艘小船，
> 以及我如何在這一紙扁舟中航行，

從倫敦一路到昆恩伯洛夫。

一開始航行還算順利，但不出所料，航行到肯特郡和埃塞克斯郡之間，船開始滲水：

水滲入了紙船，
一個半小時內我們的船開始腐爛：
船的一半裝載著泰晤士的水，
淹到霍奇和我的小腿。

這艘紙船始終漂浮在河面上，一來是靠著泰勒的決心與綁在船上的充氣公牛膀胱，二來是受到歡呼人群的熱情鼓舞：

成千上萬的人都隱藏在岸邊，
但還有上千人在潮水中與我們相見，
有舵手、船員還有船艦與駁船，

下沉中的紙船。

凝視著我們，轉化成力量驅動我們前行。

這段旅程歷時三天，從週六到週一，「在腐爛的紙船和惡劣天氣」中度過，直到泰勒和他的伙伴爬到謝佩島上的昆恩伯洛夫城堡，他們在那裡受到款待，還和當地市長共進晚餐。泰勒秉持著他一貫的物盡其用精神，希望能夠展示那艘船，不過他回憶道：

儘管，我們晚餐如此愉快，
鄉民卻把我們的紙船撕個稀爛，
船身化成千百張碎片殘骸，
插在他們的帽頂或帽緣。

滿懷希望展開的計畫，最後以千百張碎片告終。

我們的這場紙之旅從普拉森西亞精彩的小說《紙人》（2005）開始，一路回溯紙的歷史，現在讓我們以多明格茲（Carlos Maria Dominguez）同樣精彩的奇幻文學《住在紙房子裡的人》（*The Paper House*, 2005）來作結。書中主角布勞爾愛書成痴，幾乎到了走火入魔的程度，他甚至在床上以「二十本左右的書，精心布置成一個人的樣貌，不僅重現人的外型，重量也相當。」為了結束這樣的關係，斷絕他與書之間緊密的連結，他決定採取殘暴的行徑，拿他的藏書來蓋房子，把它們當作磚頭，用水泥黏在一起，「布赫士的書適合卡進窗台下，瓦列霍的可以拿來搭蓋大門，上方是卡夫卡的，兩旁則是康德的。」有那麼一個短暫的時刻，那些過去培養和教育他的紙，看起來好像可以成為他和其他人的住所，為他們擋風遮雨；但好景不常，「因為即便透過影印工人、設計師、祕書、排版員、評論家、作家、送貨員、油墨和裝訂工匠、插畫家、演義作家、批評家等人的努力，讓印刷出來的文字帶有堅毅和振奮人心的希望，但紙終究是一種有機物品，就像道路旁的松樹，早晚都會倒下，在一場悄然的崩塌中，徹底毀滅，為大海所吞噬。」

化作碎片殘骸。

謝詞

# 紙中聖人

> 在一張薄薄的紙之間，有多少聖人……尚待研究！……過去十年來，這問題一直縈繞在我的心頭。我相信透過一張薄薄的紙，可以從二維進入到三維空間。
>
> ——魯桐蒙（Denis de Rougement），
>
> 引述〈杜象，意想不到〉（Marcel Duchamp, mine de rien, 1968），
>
> 取自《杜象，筆記》（*Marcel Duchamp, Notes*, 1980）

先前的謝詞請見我的其他著作：《嬰兒真相》（*The Truth About Babies, Granta Books*, 2002）、《環城路》（*Ring Road, 4th Estate*, 2004）、《流動圖書：失書事件》（*The Mobile Library: The Case of the Missing Books, Harper Perennial*, 2006）、《流動圖書館：消失的迪克森先生》（*The Mobile Library: Mr. Dixon Disappears, Harper Perennial*, 2006）、《流動圖書館：代表的選擇》（*The Mobile Library: The Del egates' Choice, Harper Perennial*, 2008）以及《流動圖書館：壞書事件》（*The Mobile Library: The Bad Book Affair , Harper Perennial*, 2010）。我在這些書中所表達的謝詞依然成立，但除此之外，我還要感謝以下人士。（我之前的說明依舊適用：他們之中有些人已經過世，大多數我都不認識，名人皆非我的友人，而且全都不須為本書內容承擔任何責任。）

Jonathan Agnew, Foz Allan, Eric Ambler, Kristin Andreassen, Ards Comhaltas Ceoltóirí Éireann, John Franklin Bardin, Catherine Bates, Maurice Blanchot, Peter Blegvad, Amy Blythe, Ian Bostridge, Alfred Brendel, Gerard Brennan, Vera Brice, Carla Bruni, David Burke, Victoria Button, Paul Caddell, Caine's Arcade, Sophie Calle, Brian Caraher, Michel de Certeau, Kellie Chambers, Aislinn Clarke, Cheryl Cole, Ruby Colley, Seamus Collins, Stephanie Conn, Shimon Craimer, Martina Crawford, Martin Cromie, Laura Cunningham, Sean Curran, Guy Debord, Linda Drain, Joseph Duffin, David Dwan, Geoff Dyer, WillEaves, Lisa Edelstein, Craig Edwards, Hiba El Mansouri, Omar Epps, Frantz Fanon, Patrick Fitzsymons, Maureen Freely, Brid Gallagher, General Fiasco, Craig Gibson, Chris Gingell, Gotye, Andrea Grossman, Moyra Haslett, Caroline Healy, Toni Hegarty, Ivan Herbison, Naftali Herstik, Ben Highmore, Peter Jacobson, Boyd Jamison, Stephen Kelly, Diarmuid Kennedy, Bernadette Kiernan, Nicola Killow, Kimbra, John Knowles, the staff of Krem, Gidon Kremer, Robert Lacey, Martin Lamb, Heather Larmour, Christopher Lasch, Hugh Laurie, Catherine Lavery, Gary Learmonth, Henri Lefebvre, Robert Sean Leonard, Sheila Llewellyn, Johanna Lyle, Shan McAnena, Michael McAteer, Nathaniel McAuley, Darran McCann, Denise McGeown, Michael McGlade, Philip McGowan, Niall McGuckian, Susannah McKenna, Ryan McNeilly, Patrick McOscar, Bernie McQuillan, Karen McQuinn, Sheila McWade, Fiona Mackie, Hugh Magennis, Ben Maier, Alison Marchant, Zeljka Marosevic, Marcel Mauss, Ruben Moi, Helen Molesworth, Martin Mooney, David Morley, Francis Morrison, Jennifer Morrison, Chris Moyles, Kevin Mulhern, Gerry Mulligan, Romano Mullin, Emma Must, Romily Must, Padraigin Ni Ullachain, Michael Nolan, Marcus Patton, Kal Penn, Tommy Potts, Janet Pywell, the staff of Queen's University Library, Katy Radford, Joan Rahilly, Marcelo Rayel, Shaun Regan, Stefano Res, Daniel Roberts, John Roberts, Marco Rodrigues, Gil Scott-Heron, Stephen Sexton, Matthew Shelton, Chris Sherry, Shiftz, Jane Shilling, David Shore, Paul Simpson, Abigail Solomon-Godeau, Jesse Spencer, Roberta Stabilini, Jonathan Stead, Mark Stevenson, Erin Stewart, Martin Strel, Tahan, Orla Travers, Two Door Cinema Club, Malte Urban, Dianne Vinson, Walk off the Earth, David Walliams, Tara West.

參考文獻

# 鉅細靡遺地拆解本書

這樣密集地閱讀，接觸到書外的世界，宛如一條與其他河水匯流的河，一台擺放在其他機器中的機器，好似為每一個置身在和書毫無瓜葛的事件中的讀者所展開的一系列實驗，鉅細靡遺地拆解本書，讓它與其他東西互動，任何的事物……這便是滿懷愛意的閱讀。

——德勒茲，〈致一位嚴苛批評家的信〉（Letter to a Harsh Critic），

《談判》（*Negotations*, 1972—1990），賈分（Martin Joughin）之英譯（1995）

## 序：尊重紙


Brown, John Seely and Paul Duguid, *The Social Life of Information* (Boston, Mass.: Harvard Business School Press, 2000)

Conan Doyle, Archur, *The Penguin Complete Sherlock Holmes* (London: Penguin, 2009)。中譯本請參考：亞瑟・柯南・道爾，《福爾摩斯探案全集》（臉譜文化，2014）

de Saussure, Ferdinand, *Course in General Linguistics* (1916), trans. Wade Baskin (New York: Columbia University Press, 2011)

Derrida, Jacques, *Paper Machine* (2001), trans. Rachel Bowlby (Stanford: Stanford University Press, 2005)

Golding, William, *Free Fall* (London: Faber and Faber, 1959)

Malraux, André, *Museum Without Walls* (1965), trans. Stuart Gilbert and Francis Price (London: Seeker & Warburg, 1967)

Mayer-Schönberger, Viktor, Delete: *The Virtue of Forgetting in the Digital Age* (Princeton: Princeton University Press, 2009)

Parry, Ross, ed., *Museums in a Digital Age* (London: Routledge, 2010)
Plascencia, Salvador, *The People of Paper* (San Francisco: McSweeney's Books, 2005)
Sellen, Abigail J. and Richard H. R. Harper, *The Myth of the Paperless Office* (Cambridge, Mass.: MIT Press, 2001)
Smith, Stevie, *Novel on Yellow Paper* (London: Jonathan Cape, 1936)
The Wonderful Adaptability of Paper, *The Paper World* (June 1880)
The Wonderful Uses of Paper, *The Paper World* (Oct. 1881)

## CHAPTER 1 錯綜複雜的奇蹟

Baker, Cathleen A., By His Own Labor: The Biography of Dard Hunter (Delaware: Oak Knoll, 2000)
Barrelt, T, *Japanese Papermaking :Traditions, Tools and Techniques* (New York: Weatherhill, 1983)
Bloom, Jonathan M., *Paper Before Print: The History and Impact of Paper in the Islamic World* (New Haven: Yale University Press, 2001)
Blum, André, *On the Origin of Paper*, trans. Harry Miller Lydenberg (New York: R. R. Bowker, 1934)
Clapperton, Robert Henderson, *The Paper-making Machine: Its Invention, Evolution and Development* (London: Pergamon, 1967)
Clapperton, Robert Henderson and William Henderson, *Modern Paper-Making* (London: Ernest Benn, 1929)
Coleman, D.C., *The British Paper Industry*, 1495-1860 (Oxford: Clarendon Press, 1958)
Hands, Joan and Roger Hands, *Paper Pioneers* (Berkhamsted: Dacorum Heritage Trust, 2008)
Herring, Richard, *Paper & Paper Making, Ancient and Modern* (London: Longman, 2nd edn, 1856)

Hills, Richard D., *Papermaking in Britain 1488-1988* (London: Athlone Press, 1988)

Hobsbawm, E. J. and George Rudé, *Gaptain Swing* (London: Lawrence & Wishart, 1969)

Hunter, Dard, *Papermaking: The History and Technique of an Ancient Craft* (London: Cresset Press, 2nd edn, 1957)

Labarre, Emile Joseph, *Dictionary and Encyclopaedia of Paper and Paper-making* (Amsterdam: Swets & Zeitlinger, 2nd edn, 1952)

Lines, Clifford and Graham Booth, *Paper Matters: Today's Paper & Board Industry Unfolded* (Swindon: Paper Publications Ltd, 1990)

McGaw, Judith A., *Most Wonderful Machine: Mechanization and Social Change in Berkshire Paper Making, 1801-1885* (Princeton: Princeton University Press, 1987)

Maddox, H. A., *Paper: Its History, Sources, and Manufacture* (London: Pitman & Sons, 1916)

Melville, The Paradise of Bachelors and the Tartarus of Maids' (1855), in Richard Chase, ed., *Herman Melville: Selected Tales and Poems* (New York: Holt, Rhinehart & Winston, 1966)

Robinson, Laura and Ian Thorn, *Handbook of Toxicology and Ecotoxicology for the Pulp and Paper Industry* (Oxford: Blackwell Science, 2001)

Stirk, Jean, The 'Swing Riots' & the Paper Machine Breakers', *The Quarterly: The Journal of the British Association of Paper Historians 13* (December 1994) Watson, Barry, 'John Evelyn's Visit to a Paper Mill', *The Quarterly: The Journal of the British Association of Paper Historians 64* (October 2007)

Watt, Alexander, *The Art of Papermaking: A Practical Handbook of the Manufacture of Paper from Rags, Esparto, Straw and Other Fibrous Materials, Including the Manufacture of Pulp from Wood Fibre* (London: Crosby Lockwood and Son, 1890)

## CHAPTER 2 草木中


Bate, Jonathan, *The Song of the Earth* (London: Picador, 2000)

Bloch, Maurice, 'Why Trees, Too, are Good to Think With: Towards an Anthropology of the Meaning of Life', in Laura Rival, ed., *The Social Life of Trees: Anthropological Perspectives on Tree Symbolism* (Oxford: Berg, 1998)

Calvino, Italo, *The Baron in the Trees*, trans. Archibald Colquhoun (New York: Harcourt Brace Jovanovich, 1959) 中譯本請參考：卡爾維諾／紀大偉譯，《樹上的男爵》（時報文化，1998）

Carson, Ciaran, *The Inferno of Dante Alighieri: A New Translation* (London: Granta, 2002)

Cox, J. Charles, *The Royal Forests of England* (London: Methuen, 1905)

Dante, *The Divine Comedy of Dante Alighieri: Inferno*, trans. John D. Sinclair (Oxford: Oxford University Press, 1939) 中譯本請參考：但丁・阿里蓋利／梁工譯，《神曲：地獄篇》（藝術圖書，2002）

Davies, Keri, 'William Blake and the Straw Paper Manufactory at Millbank', in Karen Mulhallen, ed., *Blake in Our Time: Essays in Honour of G. E. Bentley Jr.* (Toronto: University of Toronto Press, 2010)

Deakin, Roger, *Wildwood: A Journey Through Trees* (London: Harnish Hamilton, 2007)

Edlin, Herbert Leeson, *Trees, Woods & Man* (London: Collins, 1956)

Frazer, James, *The Golden Bough: A Study in Magic and Religion* (London: Macmillan, 3rd edn, 12 vols, 1911-15) 中譯本請參考：傅雷哲／汪培基譯，《金枝：巫術與宗教之研究》（桂冠，1991）

Frost, Robert, *Collected Poems, Prose and Plays,* ed. Mark Richardson and Richard Poirier (New York: Library of America, 1995) 中譯本請參考：佛

羅斯特／曹明倫譯，《PURE Robert Frost佛羅斯特永恆詩選》（愛詩社，2006）

Glotfelty, Cheryll and Harold Fromm, eds, *The Ecocriticism Reader: Landmarks in Literary Ecology* (Athens, Ga.: University of Georgia Press, 1996)

Haggith, Mandy, *Paper Trails: From Trees to Trash—The True Cost of Paper* (London: Virgin Books, 2008)

Harrison, Robert Pogue, Forests: *The Shadow of Civilization* (Chicago: University of Chicago Press, 1992)

Heidegger, Martin, *Off the Beaten Track* (1950), trans. Julian Young and Kenneth Haynes (Cambridge: Cambridge University Press, 2002)

Lowood, Henry, 'The Calculating Forester: Quantification, Cameral Science, and the Emergence of Scientific Forestry Management in Germany', *in The Quantifying Spirit of the Eighteenth Century* (Berkeley: University of California Press, 1991)

Mabey, Richard, *Beechcombings: The Narratives of Trees* (London: Chatto & Windus, 2007)

Rackham, Oliver, *Trees and Woodlands in the British Landscape* (London: Dent, 1976)

Rackham, Oliver, Woodlands (London: Collins, 2006)

Thomas, Peter, *Trees: Their Natural History* (Cambridge: Cambridge University Press, 2000)

Thoreau, David Henry, *Walden: Or, Life in the Woods* (1854) (London: Dent, 1972) 中譯本請參考：梭羅／孟祥森譯，《湖濱散記》（桂冠，1993）

Tudge, Colin, *The Secret Life of Trees* (London: Penguin, 2006)

Zipes, Jack, *The Brothers Grimm: From Enchanted Forests to the Modem World* (New York: Routledge, 1988)

## CHAPTER 3 行走的紙


Andrews, J. H., *Maps in Those Days: Cartographic Methods Before 1850* (Dublin: Four Courts, 2009)

Borges, Jorge Luis, 'On Exactitude in Science' (1946), in *Labyrinths*, trans. Donald A. Yates and James E. Irby (Harmondsworth: Penguin, 1970) 中譯本請參考：波赫士／王永年、林一安等譯，《波赫士全集：魔幻寫實的文學迷宮》（四集）（臺灣商務印書館，2002）

Brown, Lloyd A., *The Story of Maps* (Boston: Little, Brown, 1950)

Clarke, Keith C., *Getting Started with Geographic Information Systems* (New Jersey: Prentice Hall, 5th edn, 2011)

Harmon, Katharine, *You Are Here: Personal Geographies and Other Maps of the imagination* (New York: Princeton Architectural Press, 2004)

Harvey, Miles, *The Island of Lost Maps: A True Story of Cartographic Crime* (New York: Random House, 2000) 中譯本請參考：哈維／周靈芝譯，《迷路的地圖》（時報文化，2001）

Hyde, Ralph, *Printed Maps of Victorian London 1851-1900* (Folkestone: Dawson, 1975)

Ishikawa, T., K. Murasawa and A. Okabe (2009), 'Wayfinding and Art Viewing by Users of a Mobile System and a Guidebook', *Journal of Location Based Services* 3 (2009)

Ishikawa, T. and H. Fujiwara, O. Imai and A. Okabe (2008), 'Wayfinding with a GPS-Based Mobile Navigation System: A Comparison with Maps and Direct Experience', *Journal of Environmental Psychology*, 28 (2008)

Jacobs, Frank, *Strange Maps: An Atlas of Cartographic Curiosities* (New York: Viking Studio, 2009)

King, Geoff, *Mapping Reality: An Exploration of Cultural Cartographies* (Basingstoke: Macmillan, 1996)

Koeman, C., *The History of Abraham Ortelius and his Theatrum Orbis Terrarum* (Lausanne: Sequoia SA, 1964)

Kraak, Menno-Jan and Allan Brown, eds, *Web Cartography: Developments and Prospects* (London: Taylor and Francis, 2001)

Martí-Henneberg, Jordi, 'Geographical Information Systems and the Study of History', *Journal of Interdisciplinary History*, 42: 1 (Summer 2011)

Meier, Patrick and Rob Munro, 'The Unprecedented Role of SMS in Disaster Response: Learning from Haiti', *SAIS Review*, 30:2 (Summer-Fall 2010)

Monkhouse, EJ. and H.R. Wilkinson, *Maps and Diagrams: Their Compilation and Construction* (London: Methuen, 3rd edn, 1971)

Monmonier, Mark, *How to Lie With Maps* (Chicago: University of Chicago Press, 1991) 中譯本請參考：蒙莫尼爾／黃義軍、唐曉峰譯，《會說謊的地圖》（北京商務印書館，2012）

www.openstreetmap.org

www.osmfoundation.org

Radford, P.J., *Antique Maps* (London: Gamstone Press, 1971)

Rosenberg, Daniel and Anthony Grafton, *Cartographies of Time* (New York: Princeton Architectural Press, 2010)

Tyacke, Sarah, ed., *English Map-Making 1500-1650* (London: The British Library, 1983)

Wood, Denis, *The Power of Maps* (New York: Guildford Press, 1992)，中譯本請參考：伍德／李根芳、王志弘譯，《地圖權力學》（時報文化，1996）

Woodward, David, ed., Five Centuries of Map Printing (Chicago: University of Chicago Press, 1975)

Wright, J. K., 'Map Makers are Human' (1942), repro in Wright, ed., Human Nature in Geography (Cambridge, Mass.: Harvard University Press, 1966)

## CHAPTER 4 藏書癖的受害者

Anderson, Benedict, *Imagined Communities: Reflections on the Origin and Spread of Nationalism* (London: Verso, revised edn, 1991) ，中譯本請參考：安德森／吳叡人譯，《想像的共同體：民族主義的起源與散布》（時報文化，1999）

Baker, Nicholson, *Double Fold: Libraries and the Assault on Paper* (New York: Random House, 2001)

Basbanes, Nicholas A., *A Gentle Madness: Bibliophiles, Bibliomania, and the Eternal Passion for Books* (New York: HarperCollins, 1995)

Birkerts, Sven, *The Gutenberg Elegies: The Fate of Reading in an Electronic Age* (London: Faber and Faber, 1994) ，中譯本請參考：伯克茨／呂世生；楊翠英；高虹岭譯，《讀書的輓歌：從紙質書到電子書》（中國對外翻譯出版公司， 2001）

Black, Alastair, Simon Pepper and Kaye Bagshaw, *Books, Buildings and Social Engineering: Early Public Libraries in Britain from Past to Present* (Aldershot: Ashgate, 2009)

Bolter, Jay David, *Writing Space: Computers, Hypertext, and the Remediation of Print* (Mahwah, N.J.: Lawrence Erlbaum, 2001)

Bradbury, Ray, *Fahrenheit 451* (1953) (London: Rupert Hart-Davis, 1954)，中譯本請參考：布萊伯利／于而彥譯，《華氏451度》（皇冠，1996）

Burroughs, William S., *The Naked Lunch* (1959) (London: John Calder, 1982) 中譯本請參考：布洛斯／何穎怡譯，《裸體午餐 完全復原版》（商周，2009）

Carey, James, 'The Paradox of the Book', *Library Trends 33:2* (Fall 1984)

Darnton, Robert, *The Great Cat Massacre* (London: Allen Lane, 1984) 中譯本請參考：丹屯／呂健忠譯，《貓大屠殺：法國文化史鉤沉》（聯經，2005）

Darnton, Robert, *The Case for Books: Past, Present, and Future* (New York: PublicAffairs, 2009) 中譯本請參考：達恩頓／熊祥譯，《閱讀的未來》（北京：中信出版社，2011）

Dibdin, Thomas Frognall, *Bibliomania, or Book-madness; containing some account of the history, symptoms, and cure of this fatal disease* (1809) (Boston: Bibliophile Society, 1903)

Eisenstein, Elizabeth, *The Printing Revolution in Early Modem Europe* (Cambridge: Cambridge University Press, 1983)

Eliot, Simon and Jonathan Rose, eds, *A Companion to the History of the Book* (Oxford: Blackwell, 2007)

Farrer, James Anson, *Books Condemned to be Burnt* (London: Elliot Stock, 1892)

Finkelstein, David and Alistair McCleery, eds, *The Book History Reader* (London: Routledge, 2002)

Gillett, Charles Ripley, *Burned Books: Neglected Chapters in British History and Literature* (New York: Columbia University Press, 1932)

Greenhalgh, Liz and Ken Worpole, *Libraries in a World of Cultural Change* (London: UCL Press, 1995)

Howard, Nicole, *The Book: The Life Story of a Technology* (Baltimore: Johns Hopkins University Press, 2009)

Jianzhong, Wu, *New Library Buildings of the World* (Shanghai: I FLA, 2003)，《國際圖書館建築大觀》，吳建中，（上海市：上海科學技術文獻出版社，1999）（此書為中英對照）

Johns, Adrian, *The Nature of the Book: Print and Knowledge in the Making* (Chicago: University of Chicago Press, 1998)

MacCarthy, Fiona, *William Morris: A Life for our Time* (London: Faber and Faber, 1994) Nunberg, Geoffrey, ed., The Future of the Book (Berkeley: University of California Press, 1996)

O'Brien, Flann, *The Best of Myles: A Selection from 'Cruiskeen Lawn'* (London: Macgibbon & Kee, 1968)

Petroski, Henry, *The Book on the Bookshelf* (New York: Alfred A. Knopf, 1999) 中譯本請參考：佩特羅斯基／薛絢譯，《書架：閱讀的起點》（藍鯨出版，2000）

Rothenberg, Jerome and Steven Clay, eds, *A Book of the Book:* Some Works and Projections About the Book and Writing (New York: Granary Books, 2000)

Sartre, Jean-Paul, *The Words* (1963), trans. Bernard Frechtman (New York: George Braziller, 1964) 中譯本請參考：沙特／潘培慶譯，《沙特的詞語：讀書與寫作的回憶》（左岸文化，2002）

Striphas, Ted, *The Late Age of Print: Everyday Book Culture from Consumerism to Control* (New York: Columbia University Press, 2009)

Towheed, Shafquat, Rosalind Crone and Katie Halsey, eds, *The History of Reading: A Reader* (London: Routledge, 2011)

Von Merveldt, Nikola, 'Books Cannot be Killed by Fire: The German Freedom Library and the American Library of Nazi-Banned Books as Agents of Cultural Memory', *Library Trends*, 55:3 (Winter 2007)

Watson, Barry, 'William Morris and Paper', *The Quarterly: The Journal of the British Association of Paper Historians*, 43 (July 2002)

Whitfield, Stephen J., 'Where They Burn Books⋯ ' *Modem Judaism*, 22:3 (October 2002)

Zaid, Gabriel, *So Many Books*, trans. Natasha Wimmer (London: Sort of Books, 2004)

## CHAPTER 5 裝飾地獄門

Benjamin, Walter, 'One-Way Street' (1928), in *One-Way Street and Other Writings*, trans. Edmund Jephcott and Kingsley Shorter (London: Verso, 1979)

Brook, Chris, ed., *K Foundation Bum a Million Quid* (London: Ellipsis, 1997)

Brown, Dan, *Angels and Demons* (2000) (London: Bantam, 2005) 中譯本請參考：丹・布朗／尤傳莉譯，《天使與魔鬼》（時報文化，2006）

Burke. Bryan, *Nazi Counterfeiting of British Currency During World War II: Operation Andrew and Bernhard* (San Bernadino, Cal.: Book Shop,1987)

Cantor, Paul A., 'The Poet as Economist: Shelley's Critique of Paper Money and the British National Debt', *Journal of Libertarian Studies*, 13:1 (Summer 1997)

Coggan, Philip, *Paper Promises: Money, Debt and the New World* (London: Allen Lane, 2011)

Dickens, Charles, *Dombey and Son* (1848), ed. Alan Horsman (Oxford: Oxford University Press, 2nd edn, 2008)，中譯本請參考：狄更司／祝慶英譯，《董貝父子》（上海市：上海譯文出版社，1998）

Doty, Richard, *America's Money-America's Story* (Iola, Wis.: Krause Publications, 1998)

Douglas, Mary, *Purity and Danger: An Analysis of Concepts of Pollution and Taboo* (London: Routledge, 1966) ，中譯本請參考：道格拉斯／黃劍波、盧忱、柳博贇譯，《潔淨與危機》（北京市：民族，2008）

Dye, Ian, 'The Great Bank Note Paper Robbery, 1861- 1862', *The Quarterly: The Journal of the British Association of Paper Historians*, 58 (April 2006)

Gold, Andrew, 'Balancing the Books on Paper', *The Quarterly: The Journal of the British Association of Paper Historians*, 61 (January 2007)

Heinzelman, Kurt, *The Economics of the Imagination* (Amherst: University of Massachusetts Press, 1980)

Hill, Geoffrey, *Mercian Hymns* (London: Deutsch, 1971)

Hume, David, *Writings on Economics*, ed. Eugene Rotwein (London: Nelson, 1955)

Ingrassia, Catherine, *Authorship, Commerce and Gender in Early Eighteenth Century England: A Culture of Paper Credit* (Cambridge: Cambridge University Press, 1998)

Jefferson, Thomas, 'Notes on Coinage' (1784), in *The Papers of Thomas Jefferson*, Julian P. Boyd et al., eds, vol. 7 (Princeton: Princeton University Press, 1953)

Komroff, Manuel, ed., *The Travels of Marco Polo*, trans. William Marsden (Rochester, N.Y.: Leo Hart, 1933) ，中譯本請參考：道格拉斯／馮承鈞譯，《馬可波羅行紀》（臺灣商務印書館，2004）

McLuhan, Marshall, *Understanding Media: The Extensions of Man* (London: Routledge, 1964) 中譯本請參考：麥克魯漢／葉明德譯，《傳播工具新論》（巨流，1978）

Marx, Karl, 'Economic and Philosophical Manuscripts', trans. T. B. Bottomore, in Bottomore, ed., *Karl Marx: Early Writings* (London: Watts, 1963) 中譯本請參考：馬克思、恩格斯／伊海宇譯，《1844年經濟學哲學手稿》（時報文化，1990）

Michaels, Walter Benn, *The Gold Standard and the Logic of Naturalism: American Literature at the Turn of the Century* (Berkeley: University of California Press, 1987)

Rendell, Kenneth W., *Forging History: The Detection of Fake Letters and Documents* (Norman, Oklahoma: University of Oklahoma Press, 1994)

Robertson, Frances, 'The Aesthetics of Authenticity: Printed Banknotes as Industrial Currency', *Technology and Culture*, 46: 1 (January 2005)

Schlichter, Detlev S., *Paper Money Collapse: The Fall of Elastic Money and the Coming Monetary Breakdown* (Hoboken: John Wiley & Sons, 2011)

Schumpeter, Joseph A., *History of Economic Analysis*, ed. Elisabeth Boody Schum peter (London: George Allen & Unwin, 1955)

Shell, Marc, *The Economy of Literature* (Baltimore: Johns Hopkins University Press, 1978)

Shell, Marc, *Money, Language, and Thought: Literary and Philosophical Economies from the Medieval to the Modern Era* (Berkeley: University of California Press, 1982)

Sinclair, David, *The Pound: A Biography* (London: Century, 2000)

Stock, Noel, *The Life of Ezra Pound* (London: Routledge, 1970)

Swanson, Donald F., ''Bank Notes Will Be But as Oak Leaves'': Thomas Jefferson on Paper Money', *The Virginia Magazine of History and Biography*, 101: I (January 1993)

Tschachler, Heinz, *The Greenback: Paper Money and American Culture* (Jefferson, N.C.: Mcfarland, 2010)

## CHAPTER 6 靈魂的廣告

Ackroyd, Peter, *Dickens* (London: Sinclair-Stevenson, 1990)

Baker, Laura E., 'Public Sites Versus Public Sights: The Progressive Response to Outdoor Advertising and the Commercialization of Public Space', *American Quarterly*, 59:4 (December 2007)

Barnicoat, John, *A Concise History of Posters* (London: Thames and Hudson, 1972) Benjamin, Walter, *One-Way Street and Other Writings*, trans. Edmund Jephcott and Kingsley Shorter (London: Verso, 1979)

Berger, Alfred Paul, 'James Joyce, Adman', *James Joyce Quarterly*, 3: 1 (Fall 1965)

Brantlinger, Patrick, *The Reading Lesson: The Threat of Mass Literacy in Nineteenth-Century British Fiction* (Bloomington, Ind.: Indiana University Press, 1998)

Brewster, E.H., 'Poster Politics in Ancient Rome and in Later Italy', *The Classical Journal*, 39:8 (May 1944)

Brodersen, Momme, *Walter Benjamin: A Biography* (1990), trans. Malcom R. Green and Ingrida Ligers, ed. Manina Dervis (London: Verso, 1996)

Dagnall, H., *The Taxation of Paper in Great Britain 1643-1861* (Edgware: The British Association of Paper Historians, 1998)

Darwin, Bernard, *The Dickensian Advertiser: A Collection of the Advertisements in the Original Parts of Novels by Charles Dickens* (New York: Macmillan, 1930)

Dickens, Charles, 'Bill-Sticking', repro in *Dickens' Journalism, Volume 2: 'The Amusements of the People' and Other Papers 1834-35*, ed. Michael Slater (Colum- bus: Ohio University Press, 1996)

Dickens, Charles, *Our Mutual Friend* (1865), ed. Michael Cotsell (Oxford: Oxford University Press, 1998) 中譯本請參考：狄更司／智量譯，《我們共同的朋友》（上下冊）（上海市：上海譯文出版社，1998）

Dickens, Charles, *Sketches by 'Boz', Illustrative of Every-day Life and Every-day People* (1836) (London: Penguin, 1995)，中譯本請參考：狄更司／西海、陳漪譯，《博茲特寫集》（上海市：上海譯文出版社，1998）

Dobraszczyk, Paul, 'Useful Reading? Designing Information for London's Victorian Cab Passengers', *Journal of Design History*, 21:2 (2008)

Douglas-Fairhurst, Robert, *Becoming Dickens: The Invention of a Novelist* (Cambridge, Mass.: Belknap Press, 2011)

Eisenstein, Elizabeth, *The Printing Revolution in Early Modem Europe* (Cambridge: Cambridge University Press, 1983)

Forbes, Derek, *Illustrated Playbills* (London: Society for Theatre Research, 2002)

Forster, John, *The Life of Charles Dickens* (London: Chapman & Hall, 1879)

Hewitt, John, ' The Poster" and the Poster in England in the 1890s', *Victorian Periodicals Review*, 35: 1 (Spring 2002)

Hodges, Jack, *The Maker of the Omnibus: The Lives of English Writer Compared* (London: Sinclair-Stevenson, 1992)

Hollingshead, John, 'The City of Unlimited Paper', *Household Words*, 404 (19 December 1857)

Hunter, Dard, *Papermaking: The History and Technique of an Ancient Craft* (London: Cresset Press, 2nd edn, 1957)

Joyce, James, *Ulysses* (1922) (London: Penguin, 2000)，中譯本請參考：喬伊斯／金隄譯，《尤利西斯》（上下冊）（九歌，1997）

Kiberd, Declan, *Ulysses and Us: The Art of Everyday Living* (London: Faber and Faber, 2010)

Levinson, Marc, *The Box: How the Shipping Container Made the World Smaller and the World Economy Bigger* (Princeton: Princeton University Press, 2006)

Mclaughlin, Kevin, *Paperwork: Fiction and Mass Mediacy in the Paper Age* (Philadelphia: University of Pennsylvania Press, 2005)

Matlack, Charles, *Posters: A Critical Study of the Development of Poster Design in Continental Europe, England and America* (New York: G.W. Bricka, 1913)

Nead, Lynda, *Victorian Babylon: People, Streets, and Images in Nineteenth-Century London* (New Haven: Yale University Press, 2000)

Opie, Robert, *The Art of the Label: Designs of the Times* (London: Simon & Schuster, 1987)

Orwell, George, 'Charles Dickens', in *Inside the Whale and Other Essays* (London: Gollancz, 1940)

Rickards, Maurice, *The Rise and Fall of the Poster* (Newton Abbott: David and Charles, 1971)

Spicer, A. Dykes, *The Paper Trade: A Descriptive and Historical Survey of the Paper Trade from the Commencement of the Nineteenth Century* (London: Methuen, 1907)

Tomalin, Claire, *Charles Dickens: A Life* (London: Viking, 2011)

Trotter, David, *Circulation: Defoe, Dickens and the Economies of the Novel* (New York: St. Martin's Press, 1988)

Wicke, Jennifer, *Advertising Fictions: Literature, Advertisement, & Social Reading* (New York: Columbia University Press, 1988)

Williams, Raymond, 'Advertising: The Magic System', in *Problems in Materialism and Culture: Selected Essays* (London: Verso, 1980)

## CHAPTER 7 建設性思考

Alberti, Leon Battisti, *On the Art of Building in Ten Books* (1452), trans. Joseph Rykwert, Neil Leach and Robert Tavern or (Cambridge, Mass.: MIT Press, 1991)

Ban, Shigeru, *Paper in Architecture*, ed. Ian Luna and Lauren A. Gould (New York: Rizzoli, 2009)

Bayer Herbert, Walter Gropius and Ise Gropius, eds, *Bauhaus Weimar 1919-1925* (London: Secker and Warburg, 1975)

Corbusier, Le, *The Modulor: A Harmonious Measure to the Human Scale Universally Applicable to Architecture and Mechanics*, trans. Peter de Francia and Anna Bostock (London: Faber and Faber, 1954)

Corbusier, Le, *Toward an Architecture* (1923), trans. John Goodman (London: Frances Lincoln, 2008) ，中譯本請參考：勒柯布季耶／施植明譯，《邁向建築》（田園城市文化，1997）

Downes, Kerry, *Christopher Wren* (London: Allen Lane, 1971)

Droste, Magdalena, *Bauhaus 1919- 1933* (Köln: Taschen, 1998)

Eaton, Ruth, *Ideal Cities: Utopianism and the (Un)Built Environment* (London: Thames and Hudson, 2002)

Ellmann, Richard, *Oscar Wilde* (London: Hamish Hamilton, 1987)

Entwhistle, EA, *A Literary History of Wallpaper* (London: Batsford, 1960)

Greysmith, Brenda, *Wallpaper* (London: Studio Vista, 1976)

Herbert, Gilbert, *Pioneers of Prefabrication: The British Contribution in the Nineteenth Century* (Baltimore: Johns Hopkins University Press, 1978)

Hughes, Sukey, *Washi: The World of Japanese Paper* (Tokyo: Kodansha International, 1978)

Klotz, Heinrich, ed., *Paper Architecture: New Projects from the Soviet Union* (New York: Rizzoli, 1990)

Krasny, Elke, *The Force is in the Mind: The Making of Architecture* (Basel: Birkhäuser, 2008)

Lynn, Greg, *Animate Form* (New York: Princeton Architectural Press, revised edn, 2011)

Neuman, Eckhard, ed., *Bauhaus and Bauhaus People: Personal Opinions and Recollections of Former Bauhaus Members and Their Contemporaries*, trans. Eva Richter and Alba Norman (New York: Van Nostrand Reinhold, 1970)

Robbins, Edward, *Why Architects Draw* (Cambridge, Mass.: MIT Press, 1994)

Steegmuller, Francis, *Flaubert and Madame Bovary: A Double Portrait* (London: Robert Hale, 1939)

Sugden, A.Y. and J.L. Edmondson, *A History of English Wallpaper 1509-1914* (London: Batsford, 1925)

Tanizaki, Junichirō, *In Praise of Shadows* (1933-34), trans. Thomas J. Harper and Edward G. Seidensticker (London: Jonathan Cape, 1991)

Toller, Jane, *Papier Mâché in Great Britain and America* (London: G. Bell & Sons, 1962)

Vitruvius, *Ten Books on Architecture*, trans. Morris Hicky Morgan (Cambridge. Mass.: Harvard University Press, 1914)

Whorton, James C., *The Arsenic Century: How Victorian Britain was Poisoned at Home, Work, and Play* (Oxford: Oxford University Press, 2010)

Wick, Rainer K., *Teaching at the Bauhaus* (Ostfildern-Ruit: Hatje Cantz, 2000)

Wolfe, Tom, *From Bahaus to Our House* (New York: Farrar, Straus & Giroux, 1981)

## CHAPTER 8 祕密在於紙

Baldassari, Anne, *Picasso Working on Paper*, trans. George Collins (London: Merrell, 2000)

Barr, Alfred H., *Matisse: His Art and His Public* (New York: Museum of Modem Art, 1951)

Bashō, *On Love and Barley-Haiku of Bashō*, trans. Lucien Stryk (Harrnondsworth: Penguin, 1985)

Berger, John, *The Success and Failure of Picasso* (New York: Pantheon Books, revised edn, 1989) ，中譯本請參考：伯格／邱秉鈞譯，《畢加索：成功與失敗》（武漢市：湖北美術出版社，1991）

Bermingham, Ann, *Learning to Draw: Studies in the Cultural History of a Polite and Useful Art* (New Haven: Yale University Press, 2000)

Beuys, Joseph, *The Multiples,* ed. Jörg Schellmann (New York: Edition Schellmann, 1997)

Blunt, Anthony, *The Drawings of Poussin* (New Haven: Yale University Press, 1979)

Collings, Matthew, Blimey! *From Bohemia to Britpop: The London Artworld from Francis Bacon to Damien Hirst* (London: 21 Publishing, 1997)

Cowling, Elizabeth, et al., *Matisse Picasso* (London: Tate Publishing, 2002)

Da Vinci, Leonardo, *Notebooks*, ed. Thereza Wells (Oxford: Oxford University Press, 2008)

Dietrich, Dorothea, *The Collages of Kurt Schwitters: Tradition and Innovation* (Cambridge: Cambridge University Press, 1993)

Dupin, Jacques, *Miró* (Paris: Flammarion, 2004)

Elderfield, John, *Matisse in the Collection of the Museum of Modern Art* (New

York: Museum of Modern Art, 1978)
Elsen, Albert, J. Kirk and T. Varnedoe, *The Drawings of Rodin* (London: Elek, 1972)
Gilot, Françoise, *Life with Picasso* (New York: Anchor, 1964)
Glaubinger, Jane, *Paper Now: Bent, Molded and Manipulated* (Cleveland: Cleveland Museum of Art, 1986)
Gombrich, E.H., *Norm and Form* (London: Phaidon, 1966)
Gowing, Lawrence, *Matisse* (London: Thames and Hudson, 1979)
Greenberg, Clement, *The Collected Essays and Criticism, Volume 4: Modernism with a Vengeance, 1957-1969*, ed. John O'Brian (Chicago: University of Chicago Press, 1993)
Greer, Germaine, 'Making Pictures from Strips of Cloth isn't Art at All-but it Mocks Art's Pretensions to the Core', *The Guardian*, 13 August 2007
Hilton, Timothy, *Picasso* (London: Thames and Hudson, 1975)
Hockney, David, *Secret Knowledge: Rediscovering the Lost Techniques of the Old Masters* (London: Thames and Hudson, 2001)
Hughes, Robert, *The Shock of the New: Art and the Century of Change* (London: BBC Books, 1980)
Hughes, Robert, *Nothing if Not Critical: Selected Essays on Art and Artists* (London: Harvill, 1990)
Kemp, Martin, *The Science of Art: Optical Themes in Western Art from Brunelleschi co Seurat* (New Haven: Yale University Press, 1990)
Krill, John, *English Artists' Paper: Renaissance to Regency* (Delaware: Oak Knoll Press, 2nd edn, 2001)
Mcfadden, David Revere, ed., *Slash: Paper Under the Knife* (Milan: Museum of Arts and Design/5 Continents, 2009)
MacPhee, Josh, *Paper Politics: Socially Engaged Printmaking Today* (Oakland, Cal.: PM Press, 2009)

Peacock, Molly, *The Paper Garden: Mrs Delany* (Begins Her Life's Work) at 72 (London: Bloomsbury, 2011)

Poggi, Christine, *In Defiance of Painting: Cubism, Futurism, and the Invention of Collage* (New Haven: Yale University Press, 1992)

Spurling, Hilary, *The Unknown Matisse: A Life of Henri Matisse, Volume 1: 1869-1908* (London: Hamish Hamilton, 1998)

Spurling, Hilary, *Matisse the Master: A Life of Henri Matisse, Volume 2: The Conquest of Colour, 1909-1954* (London: Hamish Hamilton, 2005)

Thomas, Jane and Paul Jackson, *On Paper: New Paper Art* (London: Merrell, 2001)

Willetts, William, *Foundations of Chinese Art: From Neolithic Pottery to Modern Architecture* (London: Thames and Hudson, 1965)

Williams, Nancy, *Paperwork: The Potential of Paper in Graphic Design* (London: Phaidon, 1993)

Williams, Nancy, *More Paperwork: Exploring the Potential of Paper in Design* (London: Phaidon, 2005)

Zwijnenberg, Robert, *The Writing and Drawings of Leonardo da Vinci: Order and Chaos in Early Modem Thought* (Cambridge: Cambridge University Press, 1999)

## CHAPTER 9 紙玩具和紙上遊戲

Benjamin, Walter, The Cultural History of Toys', 'Old Toys: The Toy Exhibition at the Märkisches Museum', 'Toys and Play: Marginal Notes on a Monumental Work', in *Walter Benjamin: Selected Writings, Volume 2, Part 1: 1927-1930*, ed. Michael Jennings et al. (Cambridge: Belknap Press, 2005)

Bowen, Elizabeth, 'Children's Play', in *Collected Impressions* (New York: Alfred A. Knopf, 1950)

Chesteron, G.K., The Toy Theatre', in *Tremendous Trifles* (London: Methuen, 8th edn, 1925)

Croall, Jonathan, *Gielgud: A Theatrical Life* (London: Methuen, 2001)

Culin, Stewart, *Korean Games* (Pennsylvania: Pennsylvania University Press, 1895)

Dickens, Charles, *A Christmas Carol and Other Christmas Stories*, ed. Robert Douglas Fairhurst (Oxford: Oxford University Press, 2006)，中譯本請參考：狄更司／汪惆然譯，《聖誕故事集》（上海市：上海譯文出版社，1998）

Dostoevsky, *The Gambler* (1867), trans. Richard Pevear and Larissa Volokonsky (New York: Everyman's, 2005) ，中譯本請參考：杜斯妥也夫斯基／邱慧璋譯，《賭徒》（志文，1987）

Ferguson, Andy, *Tracking Bodhidhanna: A Journey to the Heart of Chinese Culture* (Berkeley: Counterpoint, 2012)

Foulkes, Richard, *Lewis Carroll and the Victorian Stage: Theatricals in a Quiet Life* (Aldershot: Ashgate, 2005)

Freud, 'Dostoevsky and Parricide' (1928), in *The Standard Edition of the Complete Psychological Works of Sigmund Freud, vol. XXI* (1927-31), trans. James Strachey (London: Hogarth Press, 1961)

Hannas; Linda, *The English Jigsaw Puzzle 1760-1890* (London: Wayland, 1972)

Hargrave, Catherine Perry, *A History of Playing Cards and a Bibliography of Cards and Gaming* (New York: Houghton Mimin, 1930)

Hofer, Margaret K., *The Games We Played: The Golden Age of Board and Table Games* (New York: Princeton Architectural Press, 2003)

Hoffmann, Detlef, trans. C.S.V. Salt, *The Playing Card: An Illustrated History* (Greenwich, Connecticut: New York Graphic Society, 1973)

Houdini, Harry, *Paper Magic: The Whole Art of Performing with Paper, Including Paper Tearing, Paper Folding and Paper Puzzles* (New York: E.P. Dutton, 1922)

Houseman, Lorna, *The House that Thomas Built: The Story of De La Rue* (London: Chatto & Windus, 1968)

Ishigaki, Komaku, *Japanese Paper Dolls*, trans. John Clark (Osaka: Hoikusha Sooks, 1976)

Marx, Ursula and Gudrun Schwartz, Michael Schwartz and Erdmut Wizisla, *Walter Benjamin's Archive: Images, Texts, Signs*, trans. Esther Leslie (London: Verso, 2007)

Moncrief-Scott, Ian, *De la Rue: Straw Hats to Global Securities* (York: Imagination, 1999)

Murray, H.J.R., *A History of Board-Games Other Than Chess* (Oxford: Oxford University Press, 1952)

Nesbit, E., *The Railway Children* (London: Wells Gardner, Darton & Co., 1906)，中譯本請參考：內斯比特／陳麗譯，《鐵路旁的孩子》（漢湘文化，2009）

Norcia, Megan A., 'Puzzling Empire: Early Puzzles and Dissected Maps as Imperial Heuristics', *Children's Literature*, 37 (June 2009)

Parlett, David, *The Oxford History of Board Games* (Oxford: Oxford University Press, 1999)

Parlett, David, *The Oxford Guide to Card Games* (Oxford: Oxford University Press, 1990)

Speaight, George, *Juvenile Drama: The History of the English Toy Theatre* (1946)

Stevenson, Robert Louis, 'A Penny Plain and Two pence Coloured', in *Memories and Portraits* (London: T. Nelson & Sons, 1887)

Tilley, Roger, A History of Playing Cards (London: Studio Vista, 1973)

Whitehouse, F.R.B, *Table Games of Georgian and Victorian Days* (London: Peter Garnett, 1951)

Williams, Anne D., *The Jigsaw Puzzle: Piecing Together a History* (New York: Berkeley Publishing, 2004)

Winnicott, D.W., 'The Squiggle Game' (1968), in *Psychoanalytic Explorations*, ed. Clare Winnicott, Ray Shepherd and Madeleine Davis (London: Karnac Books, 1989)

Wowk, Kathleen, *Playing Cards of the World: A Collector's Guide* (Guildford: Lutterworth, 1983)

## CHAPTER 10 完美的身心治療法

Boehn, M. von, *Miniatures and Silhouettes* (London: J.M. Dent, 1928)

Brottman, Mikita, *Funny Peculiar: Gershon Legman and the Psychopathology of Humor* (Hillsdale, N.J.: Analytic Press, 2004)

Brust, Beth Wagner, *The Amazing Paper Cuttings of Hans Christian Andersen* (Boston: Houghton Mifflin, 1994)

Coke, Desmond, *The Art of Silhouette* (London: Martin Seeker, 1913)

Feng, Diane, *Chinese Paper Cutting* (Kenthurst, NSW: Kangaroo Press, 1996)

Harbin, Robert, *Paper Magic* (London: Oldboume Book Company, 1956)

Harbin, Robert, *Secrets of Origami* (London: Oldbourne Book Company, 1963)

Harbin, Robert, *Origami: The Art of Paper-Folding* (London: Teach Yourself Books, 1968) Harbin, Robert, *Origami 3: The Art of Paper-Folding* (London: Coronet, 1972)

Hickman, Peggy, *Silhouettes: A Living Art* (Newton Abbot: David and Charles, 1975)

Holmes, John Clellan, *Nothing More to Declare* (New York: E.P. Dutton, 1967)

Jackson, E.N., *Silhouettes: Notes and Dictionary* (New York: Charles Scribners, 1938)

Kenneway, Eric, *Complete Origami: An A-Z of Facts and Folds* (New York: St Mar tin's Press, 1987)

Lang, Robert, *The Complete Book of Origami* (New York: Dover Publications, 1989)

Leslie, H., *Silhouettes and Scissor-Cutting* (London: John Lane, 1939)

Lister, David, The Lister List', accessed at www.britishorigami.info

Piper, David, *Shades: An Essay on English Portrait Silhouettes* (Cambridge: Rampant Lions Press, 1970)

Randlett, Samuel, *The Art of Origami* (New York: E.P. Dutton, 1966)

Rutherford, Emma, *Silhouette* (New York: Rizzoli, 2009)

Swannell, M., *Paper Silhouettes* (London: George Philip and Son, 1929)

Warner, John, *Chinese Papercuts* (Hong Kong: John Warner Publications, 1978)

Zipes, Jack, *Hans Christian Andersen: The Misunderstood Storyteller* (New York: RouLledge, 2005)

## CHAPTER 11 身分證明

Allan, Kate, ed., *Paper Wars: Access to Information in South Africa* (Johannesburg: Wits University Press, 2009)

Aly, Götz and Karl-Heinz Roth, *The Nazi Census: Identification and Control in the Third Reich, trans. Edwin Black* (Philadelphia, Pa.: Temple University Press, 2004)

Anderson, Martin, 'Tourism and the Development of the Modem British Passport, 1814-1858', *Journal of British Studies 49* (April 2010)

Berger, John, *About Looking* (New York: Pantheon, 1980)，中譯本請參考：柏格／劉惠媛譯，《影像的閱讀》（遠流，2009）

Bullock, Alan, *Hitler: A Study in Tyranny* (London: Odhams, 1952)

Caplan, Jane and John, Torpey, *Documenting Individual Identity: The Development of State Practices in the Modem World* (Princeton: Princeton University Press, 2000)

Clanchy, Michael, *From Memory to Written Record: England 1066- 1307* (Oxford: Blackwell, 1993)

Darwish, Mahmoud, *Selected Poems*, trans. Ian Wedde and Fawwaz Tuqan (Cheadle Hulme: Carcanet, 1973)

Derrida, Jacques, *Archive Fever: A Freudian Impression*, trans. Eric Prenowitz (Chicago: University of Chicago Press, 1995)

Dudley, Leonard M., *The Word and the Sword: How Techniques of Information and Violence Have Shaped Our World* (Cambridge, Mass.: Basil Blackwell, 1991)

Dutton, David, *Neville Chamberlain* (London: Arnold, 2001)

*Falling Leaf* (Quarterly Magazine of the Psywar Society), ed. R.G. Auckland, (1958- )

*The Falling Leaf: Aerial Dropped Propaganda 1914-1968*, catalogue to accompany exhibition at The Museum of Modem Art, Oxford, 1978 (Oxford: Holywell Press, 1978)

Feiling, Keith, *The Life of Neville Chamberlain* (London: Macmillan, 1946)

Fothergill, Robert A., *Private Chronicles: A Study of English Diaries* (London: Oxford University Press, 1974)

Funder, Anna, *Stasiland: Stories From Behind the Berlin Wall* (London: Granla, 2003)

Fussell, Paul, *Abroad: British Literary Taveling Between the Wars* (New York: Oxford University Press, 1980)

Giddens, Anthony, *The Nation-State and Violence* (Berkeley: University of California Press, 1987)，中譯本請參考：紀登斯／胡宗澤、趙力濤譯，《民族—國家與暴力》（左岸文化，2002）

Giddens, Anthony, *Modernity and Self -Identity: Self and Society in the Late Modem Age* (Cambridge: Polity Press, 1991) ，中譯本請參考：紀登斯《現代性與自我認同：晚期現代的自我與社會》（左岸文化，2002）

Kershaw, Ian, *Hitler 1936- 45: Nemesis* (New York: W.W. Norton & Co., 2000) ，中譯本請參考：克肖／廖麗玲、方適譯，《希特勒》（上下卷）（北京市：世界知識，2005）

Lau, Estelle, T., *Paper Families: Identity, Immigration Administration, and Chinese Exclusion* (Durham. N.C.: Duke University Press, 2006)

Levi, Primo, *If This is a Man* (1947), trans. Stuart Woolf (New York: Orion Press, 1959)

Levi, Primo, *The Periodic Table* (1975), trans. Raymond Rosenthal (New York: Schocken Books, 1984) ，中譯本請參考：李維／牟中原譯，《週期表》（時報文化，2000）

Levi, Primo, *The Truce* (1963), trans. Stuart Woolf (London: Bodley Head, 1965)

Longman, Timothy, 'Identity Cards, Ethnic Self-Perception, and Genocide in Rwanda', in Jane Caplan and John Torpey, eds, *Documenting Individual Identity: The Development of State Practices in the Modem World* (Princeton: Princeton University Press, 2000)

Lyon, David, *The Electronic Eye: The Rise of Surveillance Society* (Minneapolis: University of Minnesota Press, 1994)

Marrus, Michael, *The Unwanted: European Refugees in the Twentieth Century* (New York: Oxford University Press, 1985)

Montale, Eugenio, *New Poems*, trans. G. Singh (London: Chatto & Windus, 1976)

Parker, R.A.C., *Chamberlain and Appeasement: British Policy and the Coming of the Second World War* (Basingstoke: Macmillan, 1993)

Reale, Egidio, *Le régime des passeports et la société des nations* (Paris: Librairie A. Rousseau, 1930)

Ripka, Hubert, *Munich: Before and After*, trans. Ida Sindelkova and Edgar P. Young (London: Gollancz, 1939)

Self, Robert, *Neville Chamberlain: A Biography* (Aldershot: Ashgate, 2006)

Sen, Amartya, *Identity and Violence: The Illusion of Destiny* (London: Allen Lane, 2006) Smart, Nick, Neville Chamberlain (London: RouLledge, 2010) ，中譯本請參考：森／李風華、陳昌升譯，《身分與暴力：命運的幻象》（北京市：中國人民大學，2009）

Spotts, Frederic, *Hitler and the Power of Aesthetics* (Woodstock: The Overlook Press, 2003)

Torpey, John, *The Invention of the Passport: Surveillance, Citizenship and the State* (Cambridge: Cambridge University Press, 2000)

Walker Bynum, Caroline, *Metamorphosis and Identity* (New York: Zone Books, 2001)

Weber, Therese, *The Language of Paper: A History of 2000 Years* (Bangkok: Orchid Press, 2007)

## CHAPTER 12 僅剩五頁

Adburgharn, Alison, *Shops and Shopping, 1800-1914: Where and in What Manner the Well-Dressed Englishwoman Bought Her Clothes* (London: Allen & Unwin, 1981)

Ashbery, John, *Wakefulness* (Manchester: Carcanet, 1998)

Batchen, Geoffrey, *William Henry Fox Talbot* (London: Phaidon, 2008)

Behlmer, Rudy, ed., *Memo from David Selznick* (New York: Viking Press, 1972)

Berger, John, *About Looking* (New York: Pantheon Books, 1980) ，中譯本請參考：柏格／劉惠媛譯，《影像的閱讀》（遠流，2009）

Berman, Patricia G., 'Edvard Munch's *Self-Portrait with Cigarette:* Smoking and the Bohemian Persona', *The Art Bulletin*, 75:4 (December 1993)

Bower, Peter, The White Art: The Importance of Interpretation in the Analysis of Paper', in John Slavin, et al. eds, *Looking at Paper: Evidence & Interpretation* (Toronto: Symposium Proceedings, Royal Ontario Museum and Art Gallery of Ontario, 13-16 May 1999)

Canemaker, John, Paper Dreams: *The Art and Artists of Disney Storyboards* (New York: Hyperion, 1999)

Cave, Roderick, *Chinese Paper Offerings* (Hong Kong: Oxford University Press, 1998)

Daves, Jessica, *Ready-Made Miracle: The Story of Fashion for the Millions* (London: Putnam, 1967)

Davies, Hywel, *Fashion Designers' Sketchbooks* (London: Laurence King, 2010)

De Landa, Manuel, *War in the Age of Intelligent Machines* (New York: Swerve, 1991)

Doctorow, E.L., Homer & Langley (New York: Random House, 2009)

Domínguez, Carlos María, *The Paper House*, trans, Nick Caistor (London: Harvill Secker, 2005) ，中譯本請參考：多明格茲／張淑英譯，《紙房子裡的人》（遠流，2006）

Fuller, Buckminster, with Kiyoshi Kuromiya, *Critical Path* (New York: St Martin's Press, 1981)

Holmes, Frederic Lawrence, *Investigative Pathways: Patterns and Stages in the Careers of Experimental Scientists* (New Haven: Yale University Press, 2004)

Holmes, Frederic Lawrence, et al., eds, *Reworking the Bench: Research Notebooks in the History of Science* (Dordrecht: Kluwer Academic, 2003)

Jessup, Harley, 'Graphite and Pixels: Drawing at Pixar', in Marc Treib, ed., *Drawing/Thinking: Confronting an Electronic Age* (Taylor & Francis, 2008)

Livingstone, David N., *Science, Space and Hermeneutics, Hettner Lectures 5*

(Heidelberg: University of Heidelberg, 2002)
Livingstone, David N., *Putting Science in its Place: Geographies of Scientific Knowledge* (Chicago: University of Chicago Press, 2003)
Mayhew, Henry, *London Lobour and the London Poor* (1861), ed, Roben Douglas-Fairhurst (Oxford: Oxford University Press, 2012)
Peuoski, Henry, *Paperboy: Can Jessions of a Future Engineer* (New York: Alfred A. Knopf, 2002)
Porter, Glenn and Harold C. Livesay, *Merchants and Manufacturers: Studies in the Changing Structure of Nineteenth-Century Marketing* (Baltimore: Johns Hopkins University Press, 1971)
Purtell, David J., 'The Identification of Paper Cutting Knives and Paper Cutters', *The Journal of Criminal Law, Criminology, and Police Science*, 44:2 (July-Aug, ]953)
Rhodes, Barbara and William Wells Streeter, *Before Photocopying: The Art & History of Mechanical Copying 1780-1938* (Delaware: Oak Knoll, 1999)
Rival, Ned, Tabac, miroir du temps (Paris: Librairie Académique Perrin, 1981)
Rudolph, Richard C., ed. and trans., *A Chinese Printing Manual* (Los Angeles: Ward Ritchie Press, 1954)
Schama, Simon, *Landscape and Memory* (London: HarperColiins, 1995)
Snyder, Carolyn, *Paper Prototyping: The Fast and Easy Way to Design and Refine User Interfaces* (San Francisco: Morgan Kaufmann, 2003)
Swade, Doron,' "It Will Not Slice a Pineapple": Babbage, Miracles and Machines', in Jennifer S. Uglow and Francis Spufford, eds, *Cultural Babbage: Technology, Time and Invention* (London: Faber and Faber, 1996)
Thackray, John C. and Bob Press, *The Natural History Museum: Nature's Treasurehouse* (London: Natural History Museum, 2001)

Tsuen-Hsuin, Tsien, *Science and Civilization in China, Volume 5: Chemistry and Chemical Technology, Part 1, Paper and Printing* (Cambridge: Cambridge University Press, 1985)

Watson, James D., *The Double Helix: A Personal Account of the Discovery of the Structure of DNA* (London: Weidenfeld and Nicolson, 1968)，中譯本請參考：詹姆斯・D・華生／陳正萱、張項譯，《雙螺旋——DNA結構發現者的青春告白》（時報文化，1998）

Big Ideas 07

# 紙的輓歌

2014年11月初版　定價：新臺幣320元



著者 Ian Sansom
譯者 王惟芬
發行人 林載爵

出版者 聯經出版事業股份有限公司
地址 台北市基隆路一段180號4樓
編輯部地址 台北市基隆路一段180號4樓
叢書主編電話 (02)87876242轉223
台北聯經書房：台北市新生南路三段94號
電話：(02)23620308
台中分公司：台中市北區崇德路一段198號
暨門市電話：(04)22312023
台中電子信箱 e-mail：linking2@ms42.hinet.net
郵政劃撥帳戶第0100559-3號
郵撥電話：(02)23620308
印刷者 世和印製企業有限公司
總經銷 聯合發行股份有限公司
發行所：新北市新店區寶橋路235巷6弄6號2樓
電話：(02)29178022

叢書主編 鄒恆月
叢書編輯 王盈婷
封面設計 霧室
內文排版 陳玫稜

行政院新聞局出版事業登記證局版臺業字第0130號

本書如有缺頁，破損，倒裝請寄回聯經忠孝門市更換。　ISBN 978-957-08-4477-1 (平裝)
聯經網址：www.linkingbooks.com.tw
電子信箱：linking@udngroup.com

國家圖書館出版品預行編目資料

紙的輓歌/ Ian Sansom著．王惟芬譯．初版．臺北市．
聯經．2014年11月（民103年）．288面．14.8×21公分
（Big Ideas 07）
譯自：Paper: an elegy
ISBN 978-957-08-4477-1（平裝）

1.造紙 2.歷史

476 103020442